FERRET - 1971

RÉFLEXIONS

SUR

L'ORIGINE DE DIVERSES MASSES

DE FER NATIF,

ET NOTAMMENT DE CELLE TROUVÉE PAR PALLAS
EN SIBÉRIE.

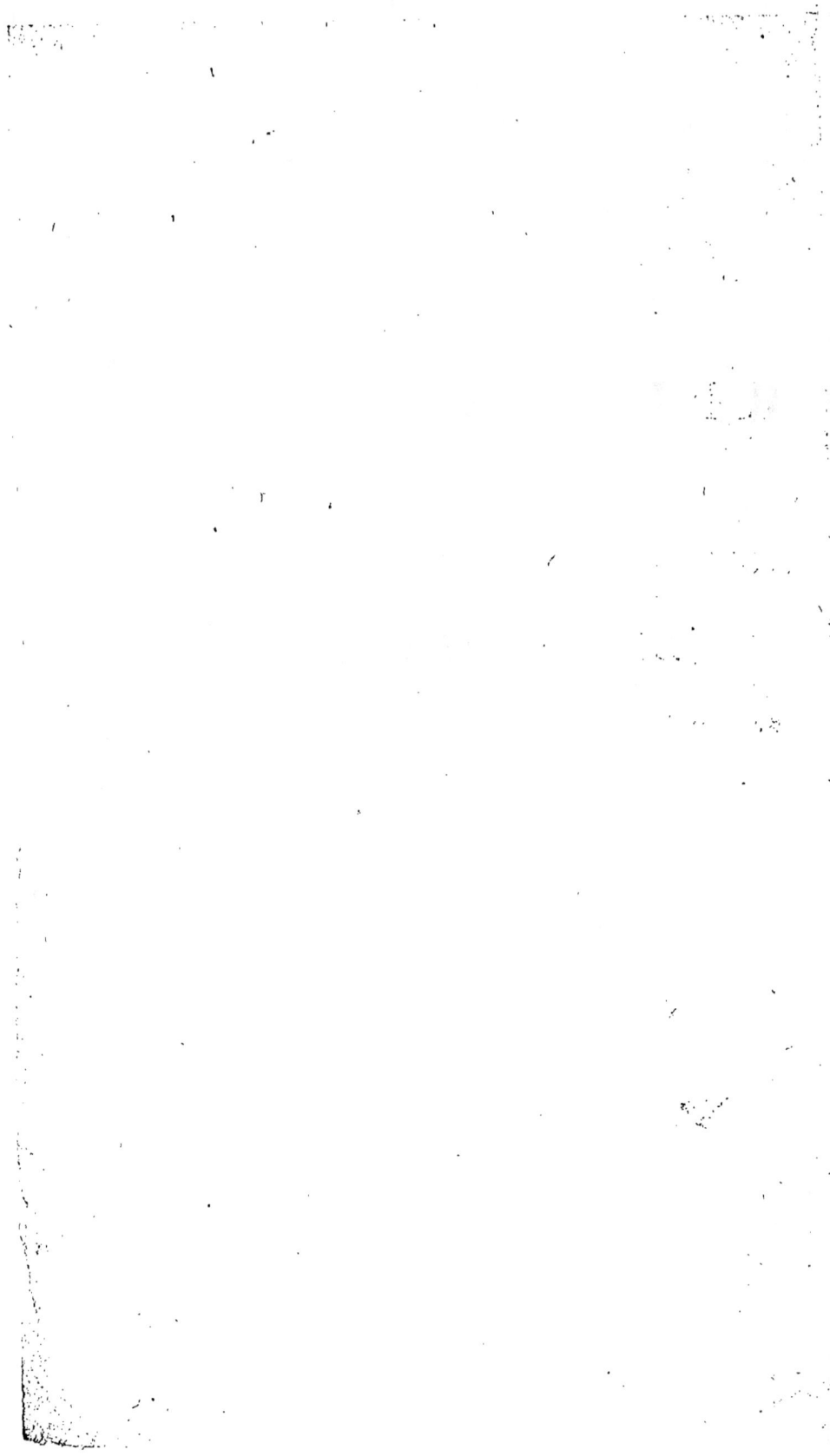

RÉFLEXIONS

SUR

L'ORIGINE DE DIVERSES MASSES

DE FER NATIF,

ET NOTAMMENT DE CELLE TROUVÉE PAR PALLAS
EN SIBÉRIE.

Traduites de l'Allemand de M. CHLADNI,
par EUGÈNE COQUEBERT.

EXTRAIT DU JOURNAL DES MINES,
Nᵒˢ. 88 et 90, NIVOSE ET VENTOSE AN XII.

A PARIS,

De l'Imprimerie de BOSSANGE, MASSON et BESSON.

AN XII. (1804.)

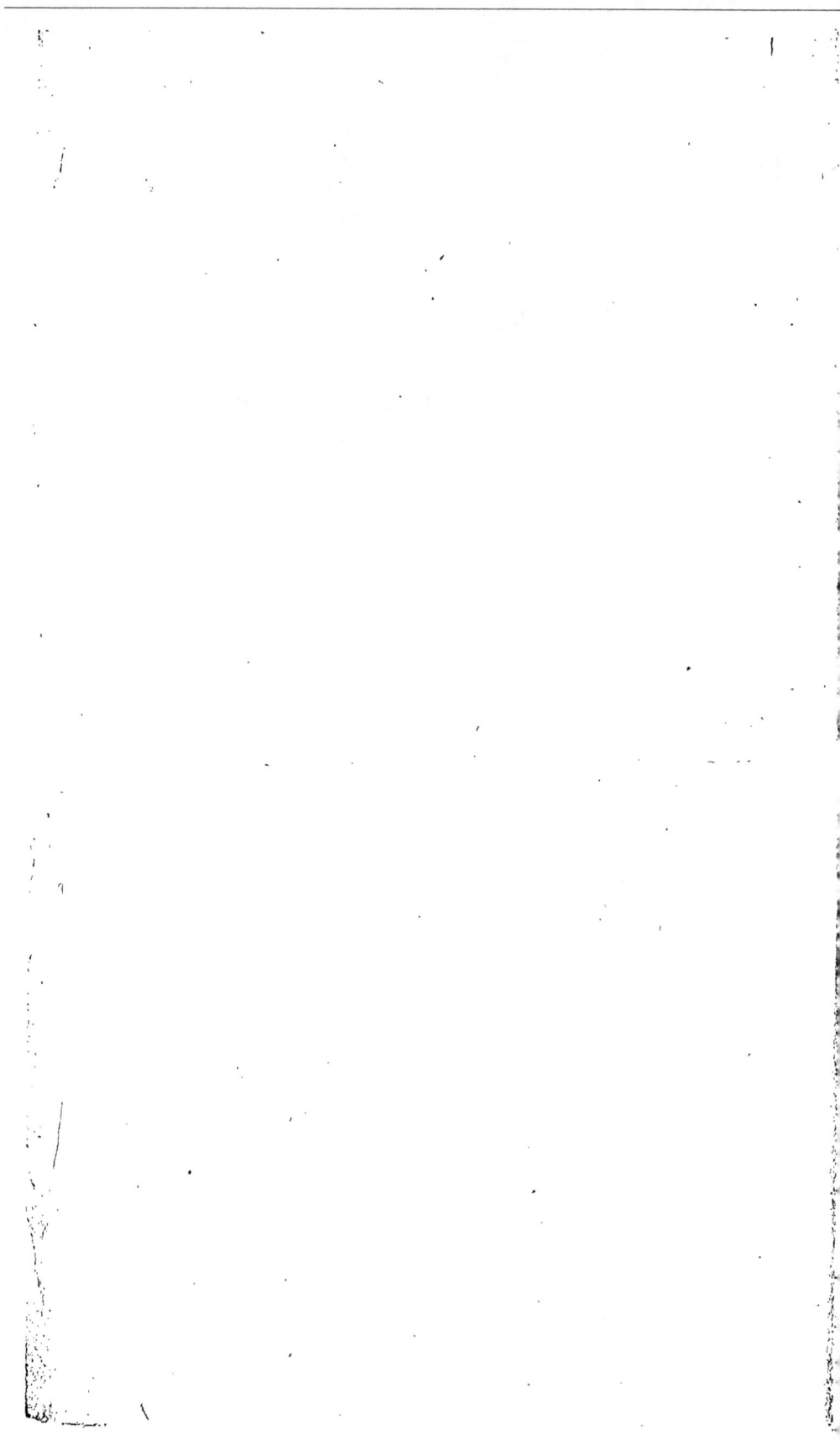

RÉFLEXIONS

*Sur l'origine de diverses Masses de Fer natif,
et notamment de celle trouvée par Pallas en
Sibérie.*

Traduites de l'Allemand de M. Chladni, par Eugène
Coquebert.

§. Iᵉʳ. *Exposition.*

La plupart des idées proposées jusqu'à présent,
sur l'origine de diverses masses de fer natif,
semblables à celle trouvée en Sibérie par Pallas,
ne pouvant s'accorder, ni avec ce que ces masses offrent de particulier, ni avec les circonstances qui en ont accompagné la découverte, j'ai
songé à une autre explication qui me paraît
posséder cet avantage et répandre d'ailleurs un
grand jour sur divers phénomènes que personne jusqu'à présent n'a pu expliquer d'une
manière satisfaisante. Quelque extraordinaire
que l'opinion suivante puisse d'abord paraître à
plusieurs personnes, j'espère qu'elles ne la juge-
ront point déraisonnable ; lorsqu'elles auront
pesé sans prévention les motifs qui m'ont déter-
miné à rejeter celles adoptées jusqu'ici. Tout
me semble prouver que ces masses de fer ne sont
autre chose que la substance des bolides ou
globes de feu ; car tout ce qu'on connaît de
ces météores, prouve qu'ils sont formés par une

A 2

matière compacte et pesante, qui n'a pu ni être lancée dans l'air sous forme solide par une force terrestre, ni se former par l'agrégation de diverses substances disséminées dans l'atmosphère. D'ailleurs les masses qu'on trouve au lieu où tombent ces bolides, ont non-seulement entr'elles, mais aussi avec celles de Sibérie et autres, une ressemblance si frappante, qu'elle suffirait pour nous faire adopter une opinion appuyée d'ailleurs sur tant de preuves.

§. II. Remarques générales.

Ce qu'on nomme *bolide* ou *globe de feu*, est une masse enflammée qui ressemble à une étoile tombante, lorsqu'on commence à l'apercevoir, à une hauteur considérable ; qui s'avançant rapidement vers la terre, dans une direction inclinée, augmente tellement de grandeur, que son diamètre apparent surpasse quelquefois celui de la pleine lune ; qui lance souvent de la fumée, des étincelles et des flammes, et qui finit par crever avec une violente explosion.

Il ne faut point compter pour observations sur ces météores peu communs, celles où le nom de *bolide* a été appliqué à des éclairs. Tels sont la plupart des prétendus globes de feu dont Muschenbroeck (1) et Vassalli (2)

_____

(1) *Essai de Physique.* Leyde, 1739, tom. II, §. 1716.
(2) *Lettere Fisico-Meteorologiche. Torino*, 1789, p. 98-100, 190.

font mention, aussi bien que le météore observé en mer en 1749, par Chalmers (1). La
relation détaillée qu'on trouve dans Silberschlag (2) n'est pas non plus relative à un bolide, mais seulement à un violent orage accompagné de toutes sortes de phénomènes
électriques. De même quand Ulloa nous dit (3)
qu'à Santa-Maria de la Parilla, on voyait toutes les nuits des globes de feu, cela ne peut
s'entendre de véritables bolides, mais seulement de feux-follets qui, comme on sait, sont
très-communs dans des pays chauds et hu-
mides.

Blagden observe avec raison (4), qu'il ne
faut, dans les observations sur les bolides, négliger aucune des circonstances suivantes : leur
éclat, leur direction, leur figure, leur élévation, leur explosion, leur grandeur, leur durée et leur rapidité ; or, en examinant successivement tous ces détails, comme je vais le
faire, on trouve des raisons péremptoires contre les diverses explications qui attribuent ces
météores, soit à la matière de l'aurore boréale,
soit à la seule électricité, soit à la réunion
de divers fluides inflammables dans les hautes
régions de l'atmosphère, soit à la combustion
du gaz hydrogène. Ces mêmes raisons me con-
firment dans l'opinion déjà proposée auparavant par quelques physiciens, qui les supposent

---

(1) *Philosoph. Trans.* n°. 494, p. 366.
(2) *Theorie der 1762 erschienen Feuerkugel*, p. 118.
(3) *Voyage au Pérou*, tom. I. — *Histoire de l'Académie des Sciences.* 1751.
(4) *Phil. Trans.* vol. 74, part. 1, n°. 18.

occasionnés par une matière solide et assez pesante, qui n'a pu ni s'accumuler dans l'atmosphère, ni y être portée, et qui en conséquence les regardent non comme des corps terrestres, mais comme appartenans au système du monde.

(*a*) Leur direction apparente est une courbe parabolique. Ils se manifestent également de tous les côtés de l'horizon, et se meuvent toujours obliquement vers la terre, de sorte que l'on ne saurait méconnaître dans ce mouvement l'action de la pesanteur. L'angle que fait cette direction avec l'horizon varie beaucoup. Plusieurs sont tombés à-peu-près perpendiculairement, tel que celui du 23 juillet 1762, tandis que d'autres, au contraire, se sont dirigés presque parallèlement à l'horizon ; d'où l'on peut conclure que l'attraction de la terre n'est pas la seule force qui agisse sur eux. Le bolide du 18 août 1783, parut changer sa direction primitive pour se porter un peu plus vers l'ouest. Peut-être cette déviation n'était-elle qu'apparente, et provenait-elle du mouvement diurne de la terre, d'occident en orient. Peut-être aussi pourrait-on l'attribuer à la manière inégale dont l'air était frappé par la matière qui bouillonnait dans ce globe et qui lui faisait lancer des flammes et des vapeurs. Ne serait-ce pas également la cause d'une espèce de vacillation qu'on remarqua dans celui du 23 juillet 1762, et d'une direction serpentante observée dans la queue de celui du 31 octobre 1779 ? Kirch rapporte (1) une observation où un

_____

(1) *Éphém. nat. curios.* 1686.

globe de feu semblait être immobile, ce dont on ne peut cependant rien conclure, sinon que l'œil de l'observateur était précisément dans la direction du mouvement de ce globe. Quelques autres ont paru éprouver une espèce de rotation sur leur axe, tels que ceux du 9 février 1750, et du 23 juillet 1762.

(*b*) Nous avons déjà parlé de leur grandeur apparente ; quant à leur forme, le plus grand nombre d'entr'eux en changent souvent, paraissant tantôt arrondis, tantôt allongés. Ils traînent ordinairement après eux une queue, que leur mouvement rapide fait probablement paraître encore plus longue qu'elle ne l'est réellement, de la même manière que lorsqu'on agite rapidement un charbon ardent. On a plusieurs fois vu de petits globes se séparer du plus grand, et le suivre dans son cours. Tantôt les fragmens tombent après l'explosion, tantôt ils paroissent poursuivre leur route les uns près des autres.

(*c*) Leur lumière, d'un blanc éblouissant, est toujours très-vive, et surpasse de beaucoup celle de la lune, sans égaler la lumière solaire. Les observateurs la comparent, les uns à celle du fer rougi à blanc, les autres à celle du camphre enflammé. Les globes du 26 novembre 1758 et du 10 mai 1760, qui parurent en plein jour, étoient d'un vif éclat, quoique le tems fût très-clair. Quelquefois cette couleur blanche tire sur le bleu, ce dont on a un exemple dans le bolide du 18 août 1783. On a ordinairement remarqué que leur lumière étoit très-inégale et très-changeante, de sorte qu'on pouvoit observer le bouillonnement de la matière qu'ils

A 4

renfermoient. Ils ont effectivement l'apparence
d'un corps enflammé ; ils jettent ordinairement
de la fumée , des étincelles et des flammes,,
quelquefois par des ouvertures , tel que celui
observé en Italie en 1719. La lumière de la
queue est , presque toujours , un peu moins
vive que celle du noyau. La masse entière paraît le plus souvent enveloppée d'une espèce de
brouillard blanchâtre , ce qu'on a aussi remarqué dans les fragmens qui , après l'explosion,
continuent quelquefois d'avancer les uns près
des autres.

(*d*) Ceux dont on a pu observer la hauteur
perpendiculaire , étoient toujours très-élevés.
D'après le calcul de la parallaxe , on a trouvé
que le globe de feu du 21 mai 1676 , étoit élevé
d'au moins 38 milles italiens (9 milles $\frac{1}{2}$ allemands) ; celui du 31 juillet 1708 de 40 à 50
milles anglais (9 à 11 milles allemands) ; celui
du 22 février 1719 de 16 à 20 milles pas ; celui
du 17 mai 1719 , de 64 milles allemands ou
géographiques ; celui du 26 novembre 1758 ,
d'abord de 90 à 100 mille anglais (19$\frac{1}{2}$ à 22 milles
allemands) , et ensuite de 26 à 32 (5$\frac{1}{7}$ à 7) ; celui
du 23 juillet 1762 , de 19 milles allemands lors-
qu'on l'aperçut pour la première fois , et de 4
lorsqu'il se dissipa ; celui du 17 juillet 1771 ,
d'abord de 41,076 toises , et lors de sa destruction , de 20,598 toises ; celui du 31 octobre
1779 , dans l'Amérique septentrionale , de 61
milles anglais (13 milles allemands) ; celui du
18 août 1783 , avait , en Angleterre , 55 à 60
milles anglais d'élévation , mais moins en
France ; enfin celui du 4 octobre 1783 , avait

40 à 50 milles anglais d'élévation (9 à 11 milles allemands.)

(e) La propriété d'éclater avec un grand bruit paraît leur être essentielle , et toutes les fois qu'on n'en a pas fait mention , on peut être assuré que cette omission provient de l'éloignement du lieu de l'observation ; tantôt un bolide éclate en entier , tantôt seulement en partie ; quelquefois aussi les fragmens éprouvent une nouvelle détonation. C'est pour cela qu'en entend tantôt une seule explosion , tantôt deux. Ces explosions ressemblent à des coups de canon , et sont suivies quelquefois d'une espèce de roulement. Beaucoup d'observateurs ont trouvé que ce dernier ressemblait au bruit du tonnerre , d'autres le comparent, soit au roulement de plusieurs chariots sur un pavé , soit au bruit qu'on fait en remuant un grand tas d'armes. Le fracas a quelquefois été si violent , que les portes , les fenêtres , et même les maisons entières étoient ébranlées. Cela est arrivé , entr'autres , le 21 mai 1676 , le 17 mai 1719 , le 3 mars 1756 , et le 17 juillet 1771. Dans l'Amérique septentrionale , on vit le 10 mai 1760 , un globe qui éprouva trois explosions , qui furent entendues dans plusieurs lieux éloignés entr'eux de 80 milles anglais. Une autre explosion du 24 novembre 1742 , le fut dans des lieux éloignés de 200 milles anglais , et celle du 23 juillet 1762 , à une distance de 20 milles allemands , à compter du lieu où le bolide creva. Lors de ce météore , aussi bien que lors de celui du 18 août 1783 , le bruit se fit entendre près de 10 minutes après l'explosion dans des lieux éloignés. Selon diverses relations, on a quelquefois senti peu de tems après une odeur de soufre. Lors de quelques bolides, tels que ceux de 1676 et de 1762, on entendit, outre l'explosion et avant qu'elle eût lieu, une espèce de sifflement occasionné par leur passage au travers de l'atmosphère. Nous avons dit ci-dessus que les fragmens paroissent ordinairement tomber ou continuer leur chemin ensemble, et qu'ils éprouvent quelquefois une nouvelle détonation. Beaucoup d'observateurs ne parlent cependant pas de ces circonstances, et paraissent plutôt croire que ces globes n'ont fait que se dissiper ou s'éteindre, ce qui provient indubitablement de ce que cette masse gonflée et dilatée, comme une vessie, par la chaleur et par les fluides élastiques que la chaleur y développe, se divise en plusieurs autres d'une densité plus forte, mais qui échappent à l'œil par leur petitesse; d'ailleurs l'observateur est ordinairement trop occupé de ce qui se passe au lieu de l'explosion, pour qu'il puisse faire attention à ce que deviennent ces petites masses. Au lieu où ces bolides avoient éclatés, on a quelquefois vu, peu d'instans après, un brouillard foiblement lumineux, formé probablement par les fluides élastiques qu'ils renfermaient auparavant, et qui ne peuvent, à raison de leur peu de densité, se mouvoir aussi rapidement que les matières plus pesantes et tenaces dont leur enveloppe est composée.

(*f*) Les observations s'accordent à attribuer aux bolides une grandeur considérable, quoique on ne puisse pas espérer beaucoup d'exactitude

dans ces déterminations vagues. La rapidité
avec laquelle un météore passe devant les yeux,
ne permet pas de le mesurer régulièrement ; à
peine a-t-on le tems d'estimer à l'œil sa grandeur apparente qui, comparée avec sa distance,
peut seule donner sa vraie grandeur. On esti-
moit que le globe de feu de 1676 avoit environ un mille italien dans sa plus grande dimension, et la moitié autant dans la plus petite. On évaluait le diamètre de celui de 1719
à 3560 pieds. Celui de 1758 avait $\frac{1}{4}$ à $\frac{2}{6}$ de milles
anglais ; celui de 1762 au moins 506 toises ; ce-
lui du 17 juillet 1771 plus de 500 toises ; celui
de 1779 au moins deux milles anglais dans sa
plus petite dimension ; quant à celui du 18
août 1783, sa moindre dimension était de $\frac{1}{7}$
mille anglais ; la plus grande de 1 à 2. Selon
les observations françaises, ce globe n'aurait
eu que 216 pieds de diamètre ; mais on a remarqué, avec raison, que ce nombre pèche
plutôt par défaut que par excès.

(g) Dans quelques cas, la durée de ces météores n'a paru être que d'environ 16 secondes,
mais elle est ordinairement d'une demi-minute
ou d'une minute, quelquefois même de plusieurs minutes.

(h) Leur mouvement est si rapide, qu'il
égale quelquefois celui de la terre ou d'autres
corps célestes ; une aussi grande vitesse et une
direction aussi oblique ne peuvent être causées
par l'attraction seule de la terre. Celui du 21
mai 1676 parcourait, en une seconde, au
moins 2 $\frac{1}{3}$ milles italiens ($\frac{1}{3}$ de mille d'allemagne) ; celui du 17 mai 1719, au moins cinq
milles allemands ; celui du 26 novembre 1758,

3o milles anglais ; celui du 23 juillet 1762 ; 10 mille toises ; celui du 17 juillet 1771, 6 à 8 lieues ; celui du 18 août 1783, de 20 à 40 milles anglais, selon les observations faites en Angleterre, et seulement 1052 toises selon celles faites en France, mais dans lesquelles les nombres paraissent généralement trop foibles ; enfin celui du 4 octobre 1783, 12 milles anglais.

§. III. *Récit de quelques observations.*

Parmi le grand nombre d'observations faites en différens tems sur ces météores, je ne choisirai que quelques-unes des principales, qui serviront de preuves à ce que j'ai dit dans le §. précédent, et que j'ai cru devoir ranger par ordre chronologique, afin qu'on puisse retrouver plus aisément chacune d'entr'elles.

J'ai déjà dit qu'il falloit exclure absolument celles qui ne sont point relatives à de véritables bolides, mais à d'autres météores lumineux que l'on a confondus avec eux. Il s'est aussi glissé plusieurs illusions d'optique dans les observations qui ont véritablement rapport aux globes de feu. Je citerai pour exemple l'erreur de ceux qui jugeant à l'œil l'éloignement de ces masses, le croyaient beaucoup moindre qu'on ne l'a trouvé ensuite par le calcul. Il était presque impossible à la plupart des observateurs de ne pas commettre cette erreur au sujet d'un météore qui passe devant les yeux avec une telle rapidité, sur-tout ces observateurs n'étant pas toujours physiciens.

Le 21 mai 1676, un bolide venant du côté de la Dalmatie, et traversant la mer Adriatique, passa obliquement au-dessus de l'Itatalie, en faisant entendre une espèce de sifflement, et fit explosion au sud-sud-ouest de Livourne avec un fracas épouvantable. Les fragmens tombèrent dans la mer avec un bruit semblable à celui du fer rouge plongé dans l'eau. Son élévation était d'au moins 38 milles italiens, et sa rapidité de plus de 160 milles semblables par minute. Il était d'une forme allongée ; son plus grand diamètre paroissait plus considérable que le diamètre apparent de la pleine lune, et pouvait être réellement d'environ un mille : le plus petit n'en avait que la moitié. Montanari, professeur de mathématique à Bologne, a écrit sur ce météore, un traité *ex professo* ; Halley (1) et plusieurs autres écrivains en ont également parlé.

En 1686, Kirch (2) observa à Léipzig un de ces météores, qui semblait être immobile ; apparence qu'on ne saurait attribuer qu'à ce que l'observateur était dans la direction du mouvement.

Le 31 juillet 1708, il en parut en Angleterre un qui était élevé de 40 à 50 milles anglais. Halley en a donné la description dans les *Transactions philosophiques* (3).

Le 22 février 1719, on vit, en Italie, un

---

(1) *Phil. Trans.* n°. 341.
(2) *Éphém. nat. cur.* 1686.
(3) *Philos. Trans.* n°. 341.

de ces globes dont la grandeur apparente éga-
lait celle de la pleine lune, et dont Balbi a
publié la description (1) ; il compare sa lumière à celle du camphre enflammé. La queue
de ce météore était sept fois aussi longue que
le noyau ; il vomissoit des flammes et de la fumée par quatre ouvertures. Il fit explosion
avec un bruit effrayant, en répandant une
forte odeur de soufre. Son élévation fut estimée de 16 à 20,000 pas, et son diamètre de
3560 pieds.

Le 17 mai 1719, il en parut en Angleterre un
autre, dont Halley a publié une relation (2).
Élevé de 64 milles géographiques, il parcourait 300 de ces milles en une minute, et finit
par éclater avec un bruit si considérable, qu'il
ébranla les fenêtres, les portes, et toutes les
maisons.

Le 3 juin 1739, vers 10 heures du soir, on
remarqua, dans l'Amérique septentrionale,
un bolide qui se dirigeait du sud au nord,
laissant derrière lui beaucoup d'étincelles et
de petits globes ; son explosion fut entendue
dans plusieurs lieux, distans entr'eux de 80
milles anglais. Winthrop en a donné la description (3).

Le 9 février 1750, on en vit un, en Silésie,
qui allait du sud-ouest au nord-est. Les uns
prétendirent avoir remarqué que ses fragmens
étaient tombés dans l'Oder, les autres indiquaient
divers lieux comme celui de leur chûte, mais

(1) *Comment. Instit. Bonon.* tom. 1, pag. 285.
(2) *Philos. Trans.* n°. 360, pag. 978.
(3) *Philos. Trans.* vol. 54, *for the year* 1764, n°. 34.

ils ont bien pu se tromper par l'effet d'une illusion d'optique. Sa description se trouve dans les *Nov. Act. erud.* septembre, 1754, p. 507, et dans les *Nov. Act. nat. cur.* T. 1, p. 348.

Le 22 juillet 1750, on en vit un en Angleterre venant du côté du nord, et dont Smith et Baker ont donné une courte description (1).

Le 4 novembre 1753, on en remarqua un autre en France, dont il est parlé dans l'*Histoire de l'Académie des Sciences* (1753, p. 72), aussi bien que de celui du 4 décembre même année.

Le 15 août 1755, on vit encore un de ces globes dans les Pays-Bas, allant du nord au sud.

Le 3 mai 1756, un autre de ces globes fut aperçu en France. Sa direction était du sud-ouest au nord-est. Son explosion ébranla tellement l'air, que plusieurs cheminées en furent renversées. Ces deux derniers sont décrits dans l'*Histoire de l'Académie des Sciences*, année 1756, p. 23.

Le 26 novembre 1758, toute la Grande-Bretagne vit un globe de feu qui a été décrit par Pringle (2). Il se dirigeait du sud-ouest au nord-est. On compara son éclat à celui du fer en fusion. Sa queue se divisa avec un grand bruit en trois parties. A Cambridge on estima sa hauteur de 90 à 100 milles anglais, tandis qu'au fort William on ne l'évaluait qu'à 26 ou 32. Son diamètre était de $\frac{1}{4}$ à $\frac{2}{6}$ de ces milles; il en parcourait 30 en une seconde. Sa ra-

---

(1) *Phil. Trans.* vol. 47, part. 1.
(2) *Philos. Transact.* vol. 51; part. 1, nos. 26, 27.

pidité était, par conséquent, cent fois plus forte que celle d'un boulet de canon, et surpassait celle de la terre dans son orbite.

Le 20 octobre 1759, on en vit, en Angleterre, un autre dont la direction était du nord au sud. Sa description se trouve dans les *Transactions philosophiques,* vol. 51, part. 1, n°. 31, 32 et 33.

Le 10 mai 1760, entre 9 et 10 heures du matin, il en parut un autre dans l'Amérique septentrionale, qui se dirigeait du nord au sud, et qui brillait d'un vif éclat, malgré le beau tems qu'il faisait. Ce globe éprouva successivement trois violentes explosions, suivies d'une espèce de roulement, et qui furent entendues dans divers lieux éloignés de 80 milles. Winthrop a donné, dans les *Transactions philosophiques* (1), des détails sur ce météore, qui ne dura que 4 minutes.

Le 11 novembre 1761, on vit dans plusieurs provinces de France un autre de ces bolides, dont la relation se trouve dans l'*Histoire de l'Académie des Sciences* pour 1761 (2). Ce météore se dissipa aux environs de Dijon en un grand nombre de fragmens, et avec un bruit terrible; plusieurs personnes crurent voir du feu près d'elles. Un de ces fragmens étant tombé sur une maison, la réduisit en cendres, ainsi que le rapportent les *Mémoires de l'Académie de Dijon*, T. 1, p. 42.

_____

(1) *Philos. Trans.* vol. 52, part. 1, pag. 6.
(2) Page 28.

Le

Le 23 juillet 1762, parut un globe de feu qui a été décrit très au long par Silberschlag (1). Il se manifesta d'abord presque au Zénith, dans les environs de Léipzig et de Zeitz, une petite étoile qui, augmentant peu-à-peu de grandeur apparente, devint une masse enflammée dentée irrégulièrement, qui parut ensuite s'arrondir davantage, et prendre une queue, dans laquelle semblaient se former d'autres petits globes. Ce météore, se dirigea du sud-sud-ouest au nord-nord-est, en passant au-dessus de Wittemberg et de Potsdam, et après avoir tourné sur son axe, il fit explosion quelques milles au-delà de cette dernière ville avec un bruit épouvantable, suivi, comme à l'ordinaire, d'une espèce de roulement : on avait aussi entendu une sorte de sifflement lors de son passage. Cette détonation fut entendue dans des lieux éloignés de 20 milles, tels que Bernburg, près de 10 minutes après l'explosion. La lumière du météore était très-blanche et semblable à celle des éclairs, et illumina une circonférence de 60 lieues de terrain. Silberschlag évalue à 10,000 toises la vitesse de la dernière seconde, mais il ne cherche à l'expliquer que par les loix connues de la pesanteur des corps, en supposant une chûte de 19 milles allemands de hauteur ; mais alors ce météore aurait dû être visible pendant 2 minutes 28 secondes, tandis qu'il paraît n'avoir pas duré plus d'une minute. Malgré la résistance de l'air, cette rapidité était peut-être

---

(1) *Théorie des, am 23 Julii* 1762, *erschienen Feuer-kugel, Magdeburg,* 1764, *in-4°.*

I   B

encore plus considérable que ne l'estime Silberschlag ; car , selon toute apparence , ce
corps avait déjà auparavant et indépendam-
ment de sa chûte , un mouvement propre
aussi bien que d'autres bolides , dont la direction était encore beaucoup plus inclinée.
La hauteur perpendiculaire était , lors de la
première observation , d'un peu plus de 19
milles , et lors de l'explosion , de plus de 4 , et
le diamètre d'au moins 5o6 toises ou 3o36 pieds
de Paris.

Le globe de feu du 17 juillet 1771 , qui traversa du nord au sud l'Angleterre , et une
grande partie de la France , a été observé par
Lalande et par beaucoup d'autres. On trouve à
ce sujet un Mémoire de Leroy parmi ceux de
l'*Académie des Sciences*, pour 1771 , p. 668.
Son diamètre apparent surpassait celui de la
pleine lune ; il fit explosion au sud-sud-ouest
de Paris , et causa un ébranlement semblable
à un tremblement de terre. Lorsqu'on l'aperçut pour la première fois , il devait être élevé
de 41,076 toises au-dessus de la terre , et de
20,598 lorsqu'il se dissipa.

Le 31 octobre 1779 , Page et Rittenhouse
observèrent en Amérique un de ces globes ,
dont ils ont publié la description dans les
Transactions de la Société Américaine (1).
Il traînoit après lui une longue queue serpentante ; sa hauteur perpendiculaire , telle
qu'on l'a observée , était de 6o milles an-

---

(1) *Philos. Trans. of the American Society* , vol. 2 ,
page 173.

glais, et son diamètre d'au moins 2 de ces milles. Quant à sa vitesse, qu'on ne put évaluer exactement, elle était trop grande pour qu'elle pût être attribuée uniquement à sa tendance vers la terre.

Le 18 août 1783, on en vit un qui traversa l'Angleterre et la France à-peu-près dans la même direction que celui de 1771, et qu'on dit avoir été aussi vu à Rome. En Angleterre ce météore a été observé et décrit par Cavallo, Aubert, Cooper, Edgeworth, Blagden et Pigot, dans les *Transactions philosophiques,* vol 74, part. 1. En France, Lalande est du nombre de ceux qui l'ont observé. Le baron de Bernstorf en a aussi rendu compte dans le *Journal de physique* pour 1784. En Angleterre sa hauteur fut estimée de 55 à 60 milles, mesure du pays; sa rapidité de 20 à 40 de ces mêmes milles par seconde : d'après cette vitesse, il aurait traversé toute la Grande-Bretagne en une demi-minute, se serait fait apercevoir une minute après à Rome, et aurait fait le tour de la terre en 22 minutes de tems. Cavallo estime son diamètre de 1070 yards, mais, selon Blagden, la plus petite dimension était de $\frac{1}{7}$ mille anglais, et la plus grande de $\frac{1}{6}$. Les observateurs Français n'évaluaient d'abord sa rapidité qu'à 1052 toises par seconde ; sa hauteur d'abord à 5725 toises, ou environ 2 lieues $\frac{1}{7}$ au-dessus des nuages, derrière lesquels elle se fit voir sur l'horizon de Londres ; sa hauteur, sur l'horizon de Paris, de 1518 toises au-dessus de la surface de ce nuage, et son épaisseur, avant l'explosion, de 216 pieds. Mais ces observateurs eux-mêmes conviennent que leurs calculs pèchent plutôt par défaut que par excès ; et en effet, on peut déduire des résultats plus forts, non-seulement des observations même faites à cette occasion , mais aussi de toutes celles qui ont eu les bolides pour objet , lorsqu'elles ont été faites avec quelque précision. L'action de la pesanteur n'était évidemment pas la seule force qui agît sur ce globle, car elle n'aurait pu lui donner une direction oblique, et lui faire, en quelque sorte, raser la terre. Il faut donc admettre une autre force motrice, et celle-ci , selon les calculs de M. Lernstorf, devait égaler au moins celle d'un corps pesant qui tomberait d'une hauteur de 15 lieues françaises. Ce bolide parut d'abord de la grandeur de Jupiter, puis de celle de la lune, et plus grand encore lorsqu'il éclata. Il changeait souvent de forme, paraissant tantôt arrondi , tantôt allongé. Sa lumière était très-inégale ; on pouvait distinguer des points plus ou moins éclairés ; on remarquait même, dans son intérieur, une espèce de mouvement ou de bouillonnement. Il se divisa en plusieurs petites masses, qui continuèrent d'avancer ensemble , en occupant dans le ciel un espace d'environ 15°. Cavallo et Pigot disent avoir entendu une explosion dix minutes après cette dispersion. Cooper remarqua aussi deux explosions qu'il compare à celle d'un canon de 9 liv.

Le 4 octobre 1783 , on aperçut encore un globe de feu en Angleterre. Celui-ci a été décrit par Blagden dans le même volume des *Transactions philosophiques.* Il ne dura que quelques secondes, paraissant d'abord ressembler à une étoile tombante, et augmentant beaucoup de grosseur dans sa descente. Blagden estime son élévation à 40 ou 50 milles anglais, et sa rapidité à 12 de ces milles par seconde.

§. IV. *Réfutation de divers systèmes proposés jusqu'ici.*

Jusqu'à présent tout ce qu'on sait avec certitude sur les bolides se réduit à quelques notices historiques, sans que personne, à ma connoissance, ait encore pu expliquer, d'une manière satisfaisante, la cause de ces météores. Voici à-peu-près quels sont les divers systèmes des physiciens.

(I.) Plusieurs d'entr'eux ont cru que les bolides avaient la même origine que les aurores boréales qu'ils attribuaient à la lumière zodiacale. Ils se sont fondés principalement sur ce qu'un grand nombre d'entr'eux se dirige du nord au sud. Les exemples de ces globes, que j'ai rapportés dans le §. précédent, prouvent qu'ils se dirigent également vers tous les points de l'horizon, et qu'ils ne sont pas plus fréquens du côté du nord que de tout autre ; ce qui suffit pour réfuter cette opinion : ils diffèrent d'ailleurs trop des aurores boréales par leurs divers caractères, tels que leur lumière plus vive, leur forme déterminée, et par la fumée et les étincelles qu'ils lancent, par leur explosion avec un grand bruit, etc.,

pour qu'on puisse , avec la moindre vraisemblance , leur attribuer la même origine.

(II.) Vassali-Eandi les regarde comme produits par la matière électrique passant d'un
lieu de l'atmosphère qui en est surchargé dans
un autre qui en contient moins. Il défend
cette idée dans son *Memoria sopra il bolide* ,
publié en 1787 ; ouvrage dont j'aurais volon-
tiers fait usage si j'avais pu me le procurer ,
aussi bien que dans les *Lettere fisico-meteorologiche de' celeberrimi Fisici Sennebier, Saussure , e Toaldo , con risposte di A. M. Vassali.* Torino , 1789 , *in-8°.*

Voici , selon moi , ce qu'on peut objecter
contre ce système ingénieux.

(*a*) Il ne peut y avoir d'éclair ou d'étincelle
électrique que lorsque la matière électrique ,
accumulée dans un corps conducteur , passe
dans un autre corps qui en renferme moins ;
mais à une hauteur de 19 milles allemands
et plus (30 ou 35 lieues), où se manifestent
les globes de feu , il ne peut y avoir ni vapeur ,
ni autre matière conductrice dans laquelle le
fluide électrique puisse s'amasser , comme il
le fait dans les nuées d'orages. L'expérience
prouve en outre que dans le vide ou dans un air
très-raréfié , il est difficile de charger un conducteur électrique , parce que rien ne s'oppose
alors à la force expansive de l'électricité , et
n'empêche ce fluide de se dissiper. Il ne saurait donc être question que d'une électricité
libre , et non de l'électricité dans son état d'u-
nion avec un corps. Mais on ne saurait concevoir comment un fluide électrique libre pourrait s'accumuler en une masse d'une forme si

bien déterminée, et comment il pourrait conserver cette même forme en avançant avec une telle rapidité, et en répandant en même tems une lumière si vive. N'est-il pas plus probable qu'il se dissiperait et formerait des météores de l'espèce de l'aurore boréale, ainsi qu'on le remarque lors des expériences électriques faites dans un air très-raréfié?

Vassali (p. 124, 125) prétend en outre que les bolides ont lieu lorsque l'électricité libre a pour conducteur des vapeurs très-tenues, mais que si les vapeurs sont plus grossières, on a alors de ces coups de tonnerre qui ont lieu quelquefois par un tems serein, et dont il fait voir que plusieurs auteurs anciens ont parlé, notamment Homère (1) et Virgile (2). Mais les témoignages des anciens, accoutumés à admettre, sans examen, toutes sortes de fables, ne sont d'aucun poids en physique. Il ne faut pas même croire que ces poëtes aient prétendu rapporter des faits véritables; car, parmi les modernes, on ne connaît aucun exemple bien avéré de semblables tonnerres par un tems serein. On peut même regarder *à priori* ce phénomène comme impossible, n'y ayant point dans ce cas de matière où il puisse, comme dans les orages, s'accumuler une électricité suffisante. On peut être assuré que lors des tonnerres qu'on a dit être de cette espèce, il y avait toujours au moins un petit nuage dans le ciel, quelque beau et quelque clair que

---

(1) *Odyss. XX.* 113, 114.
(2) *Georg. I.* 487.

B 4

celui-ci pût être d'ailleurs. M. Gronau (1) rapporte quelques exemples d'incendies causés par un de ces coups de tonnerre, qui ne sont précédés ni suivis d'aucun autre. Il serait également possible qu'un bolide, paraisssant par un tems serein, pût être pris pour un éclair.

(*b*) L'explication par le fluide électrique cadre mal avec la direction en ligne droite, que les bolides affectent toujours, et que les éclairs à la vérité suivent aussi quelquefois, mais très-rarement. D'ailleurs le mouvement des bolides, toujours dirigé obliquement de haut en bas, et qui paraît tenir encore plutôt de la parabole que de la ligne droite, s'annonce évidemment comme l'effet de la pesanteur.

(*c*) L'inflammation réelle de ces globes de feu, dans la plupart des cas, et les flammes, la fumée et les étincelles qu'ils lancent, souvent même par des ouvertures, ne sont pas des circonstances favorables à cette doctrine.

(*d*) Le bruit qu'ils font en crevant ne saurait s'expliquer non plus par le passage de l'électricité libre à travers l'atmosphère, car ce fluide, comme on sait, ne produit aucun bruit sensible lorsqu'il se meut dans l'état de liberté. Encore moins pourrait-on, par-là, expliquer d'une manière satisfaisante les explosions répétées qu'on a plusieurs *fois* remarquées, et la séparation de ces globes plus petits, qui, après leur dispersion, continuent

---

(1) *Schriften der Berliner Gesellsch. naturforsch. freund.* tom. 9, pag. 44.

de suivre la même direction, ce que font aussi souvent les fragmens.

Reimarus (1) observe bien, avec raison, que les globes de feu ne peuvent s'expliquer par la seule électricité, mais il reconnaît d'ailleurs, avec Leroy et plusieurs autres physiciens, qu'on ne peut en donner aucune explication satisfaisante, ce qui vaut encore mieux que d'en donner une qui ne s'accorde pas avec la saine physique.

(III.) Silberschlag (2) tâche de les expliquer par des vapeurs visqueuses et huileuses qui, à l'en croire, se seraient élevées et amassées dans les hautes régions de l'atmosphère. Bergmann (3) conjecture aussi que les bolides les moins élevés peuvent avoir cette origine. Voici ce qu'on peut répondre à cette hypothèse, qui paraît encore moins vraisemblable que la précédente.

(a) A une hauteur, telle que celle où se sont fait voir certains globes de feu, et où l'air est plusieurs milliers de fois plus rare qu'à la surface de la terre, il est impossible, qu'il se rassemble, soit sous forme de vapeurs, soit sous toute autre, une quantité de matière suffisante pour former une accumulation semblable. Il faut aussi remarquer qu'on ne prend ordinairement garde à ces météores, que lorsqu'ils attirent sur eux l'attention par leur lumière toujours plus vive, à mesure

---

(1) *Vom Blitze. Hamburg*, 1778, *in-8°.* pag. 568.
(2) Voyez sa *Théorie*.
(3) Voyez sa *Géographie Physique*.

qu'ils s'approchent. Il faut donc qu'ils se forment dans des régions beaucoup plus élevées que celles même où l'on commence à les apercevoir, et il est bien moins probable encore qu'une telle accumulation puisse y avoir lieu.

(*b*) Une simple aggrégation de vapeurs rares ne serait pas susceptible de se mouvoir avec une vitesse 100 fois plus grande que celle d'un boulet de canon, et de conserver cette prodigieuse rapidité pendant un trajet aussi long. Il est beaucoup plus vraisemblable que ces vapeurs se dissiperaient dès le premier moment.

(*c*) Cette explication est d'ailleurs démentie par la direction dans laquelle les bolides se meuvent, et qui annonce que ces corps ont une pesanteur spécifique considérable, malgré leur grande dilatation.

(*d*) Des substances à l'état de vapeurs ne pourraient éprouver une inflammation si vive et si durable dans un air aussi rare.

(*e*) Enfin une simple aggrégation de fluides élastiques dans les hautes régions de l'atmosphère ne peut être non plus la cause de ces explosions, dont le fracas est entendu d'une distance très - considérable, par exemple, de 30 ou 40 lieues, car la détonation doit être prodigieuse pour se faire entendre d'aussi loin, au milieu d'un air dont la rareté contrarie nécessairement la transmission du son, et elle suppose d'ailleurs une enveloppe bien autrement dense et tenace que des vapeurs ne le sauraient être.

(IV.) Toaldo (*Lettere fisico meteorologiche*, déjà citées) et plusieurs autres auteurs, regardent ces météores comme produits par la combustion d'une longue traînée de gaz hydrogène. On peut juger, par ce qui suit, que cette explication n'est point recevable.

(*a*) Des vapeurs inflammables ne sauraient se réunir en masses d'une figure déterminée ; et de leur combustion, il résulterait au plus une espèce d'aurore boréale qui n'affecterait aucune forme régulière.

(*b*) On a plus de peine encore à s'imaginer qu'il puisse exister, dans l'atmosphère, une traînée de gaz inflammable d'une grandeur telle qu'elle règne au-dessus d'une vaste étendue de pays, et qu'en la parcourant la flamme affecte constamment la même figure.

(*c*) A une élévation où l'air est si rare, le gaz inflammable ne pourrait brûler avec la lumière vive et d'une blancheur éblouissante, qu'on remarque toujours dans les bolides.

(*d*) Cette hypothèse n'explique pas non plus la direction dans laquelle ces corps se meuvent toujours obliquement, suivant une ligne, soit droite, soit parabolique ; direction qui prouve l'action de la pesanteur.

(*e*) L'explosion des bolides ne suit point immédiatement leur apparition, comme il arriverait s'ils étaient formés de gaz hydrogène. Elle n'a lieu que lorsqu'ils ont déjà parcouru beaucoup d'espace.

(*f*) C'est en été que la putréfaction des substances animales et végétales développe le plus d'air inflammable. Cependant les globes de feu ne sont pas plus communs dans cette saison que dans les autres.

(V.) Maskelyne conjecture que ce sont des corps denses permanens qui se meuvent autour du soleil. Hevelius (1), Wallis (2), et Hartsoeker (3) les ont pareillement regardés comme des corps analogues aux comètes. Enfin Blagden (4) dit que quelques physiciens les ont pris aussi pour des espèces de comètes appartenant à la terre.

(VI) Halley (5) les attribue à une matière disséminée dans tout l'espace, mais qui s'étant accumulée dans un point, est rencontrée par la terre avant d'avoir pu se porter avec rapidité vers le soleil.

Ces dernières opinions sont peut-être plus probables que les autres ; cependant on pourrait objecter contre l'hypothèse de Halley, que ce qu'il y a dans le mouvement des globes de feu d'inexplicable par la simple tendance de ces corps vers la terre, ne pourrait être expliqué par celui de la terre dans son orbite, ni par la force d'attraction du soleil, puisque les globes de feu ne se meuvent pas seulement dans une direction opposée à celle de la terre, ni du côté où se trouve alors le soleil ; mais aussi, dans toute autre direction diversement inclinée ou même contraire à celle que l'on suppose. Leur marche n'est dont assujettie à aucune loi

(1) *Cométographie.*
(2) *Phil. Trans.* tom. 12, n°. 55, pag. 568.
(3) *Conjectures de Physique.* La Haye, 1707—1710.
(4) *Philos. Trans.* vol. 74, part. 1.
(5) *Phil. Trans.* n°. 341.

semblable, et ils paraissent doués, comme les corps célestes, d'un mouvement qui leur est propre. Au surplus n'étant en état d'observer qu'une si petite partie de leurs cours, nous ne saurions déterminer si l'on peut les regarder comme des espèces de comètes qui se meuvent, soit autour du soleil, soit autour de la terre, ou si, par l'effet d'une impulsion quelconque, ils se dirigent en ligne droite dans l'espace, jusqu'à ce qu'ils viennent à rencontrer un corps céleste, par l'attraction duquel leur direction soit changée.

Qu'il me soit permis de remarquer, au sujet des diverses explications de ces météores, combien il est difficile aux savans de se défendre, dans leurs théories, d'une sorte de prédilection pour les diverses branches des sciences qui ont principalement attiré leur attention. Bergmann, qui s'était livré à des recherches sur les aurores boréales, crut y découvrir la cause des bolides. Beccaria et son élève Vassali qui s'étaient principalement occupés d'électricité, ont regardé ces globes simplement comme des phénomènes électriques. Lavoisier, à qui l'on doit tant de découvertes sur les fluides aériformes, et Toaldo, en sa qualité de météorologiste, ne veulent y voir que des gaz. Quant aux astronomes Halley, Hevelius et Maskelyne, ils les regardent comme des corps célestes : c'est ainsi que plusieurs minéralogistes, familiarisés avec les phénomènes qu'offrent les contrées volcaniques, regardent comme produites par le feu plusieurs substances que d'autres, moins accoutumés aux volcans, pensent être d'origine neptunienne.

§. V. *Nature des bolides.*

Maintenant, si nous résumons tout ce qui précède, nous pourrons conclure, avec une vraisemblance très-approchante de la certitude:

1°. Que les bolides ne sont occasionnés ni par la matière de l'aurore boréale accumulée, ni par le passage de l'électricité d'un lieu de l'atmosphère dans un autre, ni par un amas de fluides inflammables dans les hautes régions de l'air, ni enfin par la combustion d'une longue traînée de gaz hydrogène.

Mais 2°. que leur subtance doit posséder une densité et une pesanteur assez considérable, puisque, malgré son extrême dilatation, elle conserve encore assez de consistance pour continuer d'avancer avec une rapidité prodigieuse, sans être dissipée par la résistance de l'air.

3°. Que cette matière fluide et tenace se trouve dans un état pâteux, occasionné, selon toute apparence, par l'action du feu, attendu que les globes changent souvent de forme, paraissant tantôt arrondis, tantôt allongés, et que d'ailleurs l'augmentation de grandeur qu'ils éprouvent jusqu'à leur détonation, doit faire croire, aussi bien que cette dernière, qu'ils sont dilatés par un fluide élastique.

4°. Qu'une matière aussi dense n'a pu, ni se former à une telle hauteur par la réunion de matières disséminées dans l'atmosphère, ni être lancée par une force terrestre.

5°. Qu'aucune force terrestre connue n'est d'ailleurs en état de donner, à un corps semblable, une impulsion aussi rapide et dans une direction presque parallèle à l'horizon.

6°. Que par conséquent cette matière n'a pas primitivement commencé par s'élever pour retomber ensuite, mais qu'elle se trouvait répandue dans l'espace, d'où elle est descendue sur notre planète.

Quant à moi, le système que je vais exposer me paraît le seul qui puisse s'accorder avec les observations faites jusqu'ici, et qui ne soit d'ailleurs point contraire aux principes de physique généralement admis. Il me paraît d'ailleurs confirmé par la nature des substances trouvées sur les lieux où les bolides sont tombés.

On sait que notre planète est composée de divers principes, soit terreux, soit métalliques, ou autres, parmi lesquels le fer est un des plus répandus. On conjecture aussi que les autres corps célestes sont formés de matières analogues, ou même tout-à-fait semblables, quoique mêlées et probablement modifiées d'une manière très-variée. Il doit de même se trouver dans l'atmosphère beaucoup de matières grossières rassemblées en petites masses, sans tenir à aucun des corps célestes proprement dits, et qui étant mises en mouvement par des forces projectives ou attractives, continuent d'avancer, jusqu'à ce qu'arrivant aux limites de la sphère d'activité de la terre, ou de tout autre corps céleste, ces matières soient déterminées à s'y précipiter par l'action de la pesanteur. Leur mouvement, d'une rapidité extrême, étant encore accéléré par la force d'attraction de la terre, doit nécessairement, au moyen du frottement des molécules de l'air, exciter dans une telle masse un degré de chaleur et d'électricité capable de la mettre dans un état d'incandescence ; et d'y dévélopper beaucoup de vapeurs et de fluides aériformes, qui, augmentant rapidement son volume, doivent finir par la faire crever, lorsqu'elles l'ont distendu excessivement.

Quelques-uns ont nié que ces corps pussent être dans un véritable état de combustion, prétendant qu'à une hauteur aussi grande l'air devait être trop rare et trop impur pour cela. Mais on ignore absolument à quelle hauteur l'air cesse entièrement d'être propre à la combustion, et en supposant qu'en effet il y soit peu propre, cette circonstance est plus que compensée par la rapidité avec laquelle se meuvent les bolides par l'agitation de l'air, ainsi que par le frottement qui en résultent. La nature même de la substance enflammée peut d'ailleurs y contribuer, car on compte le soufre parmi les principes constituans de quelques-unes de ces diverses masses, et l'on sait que cette substance peut brûler dans la machine pneumatique au milieu d'un air si rare, que tout autre corps ne pourrait s'y enflammer.

§. VI. *Étoiles tombantes.*

Selon toute apparence, les étoiles tombantes ne diffèrent des bolides, qu'en ce que le mouvement rapide, qui est particulier à ces masses, fait passer les premières à une trop grande distance de la terre pour que son attraction puisse agir sur elles. Elles ne traversent donc que

que les plus hautes régions de l'atmosphère, et là, ou elles occasionnent un météore électrique instantané, ou bien elles s'enflamment réellement, mais seulement pour quelques instans, la rareté de l'air ne permettant pas que cette inflammation continue lorsque ces masses s'éloignent encore plus de la terre. C'est probablement à cela que se rapporte le météore mentionné par M. Schrœter (*Voyez* ses *Fragmens séleno-topograph.* p. 593), qui dit avoir vu deux petits amas d'étincelles d'une lumière blanchâtre, traverser le champ de son télescope parallèlement l'un à l'autre. A proprement parler, les étoiles dites *tombantes* ne font que se diriger en ligne droite d'un lieu du ciel à un autre, et se dissipent aussitôt après. Leur route apparente comprend quelquefois la plus grande partie du ciel, quelquefois aussi on ne leur voit parcourir que quelques degrés ; elles lancent assez souvent des étincelles. Quant à leur hauteur, je ne sache pas que l'on ait fait, jusqu'à présent, des observations sur cet objet : je sais seulement que, selon le témoignage de Bridone et de Saussure, leur hauteur apparente ne paraissait pas moindre au sommet de l'Etna et du Mont-Blanc qu'au pied de ces mêmes montagnes. On devrait bien s'occuper de déterminer l'élévation et la direction de ces météores, au moyen d'observations simultanées faites dans plusieurs lieux éloignés les uns des autres.

Probablement les étoiles tombantes dont je viens de parler, ne sont pas les seuls météores lumineux qui offrent les mêmes apparences : il peut y en avoir dont la nature et l'origine

C

soient entièrement différentes. Quelques-uns semblent être des phénomènes purement électriques, comme ceux observés par Beccaria : tandis qu'on trouve dans Silberschlag, *Théor. der* 1762 *Erschien Feuerkugel*, p. 46, des exemples d'étoiles tombantes qui, à l'endroit de leur chûte, ont laissé après elles une masse visqueuse semblable à de la gomme.

Il est parlé dans le recueil intitulé : *Comment. de rebus in scientiâ naturali et medicinâ gestis*, vol. XXVI, pars I, p. 179, d'une masse spongieuse de couleur grise, ressemblant au foie de soufre, et renfermant de l'alkali volatil, trouvé, dit-on, près de Coblentz.

Dans Gassendi, *Phys*. sect. III, lib. II, cap. VII, et dans les *Ephem. natur. Curios.* cent. II, ann. 9, obs. 71, on lit encore d'autres descriptions semblables.

Il serait possible que ces masses se fussent formées dans l'atmosphère, quoiqu'à une élévation bien inférieure à celle où l'on observe les globes de feu ; mais ce qui paraît encore plus vraisemblable, c'est qu'elles ont une origine pareille à celle des feux-follets (*a*), et qu'elles proviennent de matières visqueuses, soit animales, soit végétales, qui ont été dégagées par la putréfaction, et qui par l'effet

---

(*a*) J'ai eu moi-même, en 1781, occasion d'observer en petit une espèce de feu-follet occasionné par une matière gélatineuse. Je me promenais en voiture dans le parc de Dresde, par un tems fort chaud, immédiatement après le soleil couché, et lorsqu'il venait de pleuvoir, j'aperçus dans l'herbe humide beaucoup de points brillans que le

de la légèreté spécifique du gaz inflammable des marais, se sont élevés à une hauteur peu considérable, (pour ainsi dire, comme de petits aérostats naturels,) jusqu'à ce qu'elles retombent, bientôt après, leur enveloppe étant crevée, soit par la dissipation de l'air inflammable, soit par la combustion de ce même air, occasionnée par l'électricité ou par toute autre cause. Cette opinion est fortifiée par le peu de durée de leur lumière, et par l'odeur de brûlé qu'offre, dit-on, leur résidu. Mais cette matière floconeuse ne pourrait jamais s'élever à une hauteur de plusieurs lieues, et encore moins sé diriger à travers un espace si considérable avec l'excessive rapidité qu'on observe ordinairement dans les étoiles tombantes.

Au reste, avant de chercher à expliquer ce phénomène, il faudrait s'être bien assuré qu'il n'y a point eu d'erreur dans les observations, et que ce qu'on a pris pour le résidu de la combustion d'un météore analogue aux étoiles tombantes, n'était pas la déjection de certains oiseaux, ou l'écume de quelques cigales et d'autres insectes semblables.

---

vent emportait : quelques-uns s'attachèrent même aux roues de ma voiture. Je descendis pour les observer de plus près, et je parvins à en saisir quelques-uns, quoiqu'avec assez de peine. C'étaient de petites masses gélatineuses semblables à du frai de grenouilles, ou à du sagou dissout par la cuisson. Je ne leur trouvai ni goût ni odeur ; peut-être n'est-ce autre chose qu'une matière végétale en putréfaction. (*Note de l'Auteur.*)

C 2

§. VII. *Effets observés dans les lieux où des globes de feu étaient tombés.*

Nous avons vu que les fragmens du bolide observé en Italie le 21 mai 1676, tombèrent après son explosion dans la mer, au sud-sud-ouest de Livourne, et avec un bruit semblable à celui du fer rouge qu'on éteint dans l'eau; du moins s'il faut en croire la relation de Montanari. Cependant je ne veux pas me prévaloir de ce fait, quelque favorable qu'il soit à ma théorie, à cause des nombreuses illusions auxquelles les observateurs ont pu être exposés.

Les *Mémoires de l'Académie de Dijon*, rapportent, vol. I, p. XLII, qu'après l'explosion d'un bolide aperçu le 11 novembre 1761, par un tems serein, à l'exception d'un très-petit nuage, un de ses fragmens tomba sur une maison à laquelle il mit le feu. Du moins un incendie se manifesta immédiatement après l'explosion du bolide, et le propriétaire de la maison dit qu'il avait vu la lune se partager en deux, et qu'une des deux portions était venu fondre sur sa maison et l'avait embrasée. Il est dit aussi dans ce même article, qu'une vingtaine d'années auparavant, une étoile tombante avait occasionné de même un incendie.

Barham (1) étant à la Jamaïque en 1700, vit tomber avec un grand bruit un bolide qui paraissait de la grosseur d'une bombe. On

_____

(1) *Philos. Trans.* n°. 357, pag. 148.

trouva dans la terre, à l'endroit où il était tombé, un enfoncement large comme la tête, entouré d'autres de la grosseur du poing, et ayant une profondeur telle qu'on ne put en atteindre le fond avec les perches qu'on avait sous la main. On éprouva une odeur de soufre ; on remarqua aussi que l'herbe paraissait avoir été brûlée autour de ces enfoncemens : peut-être était-ce seulement l'effet de la foudre, car il y avait eu un violent orage la nuit précédente. Si néanmoins c'était véritablement un bolide, il est bien à regretter qu'on n'ait pas fouillé dans ces trous, car il est très-probable qu'on y aurait trouvé des masses semblables à celles que nous allons maintenant décrire.

§. VIII. *Exemples de pierres tombées du ciel.*

Bergmann exprimait, dans sa *Géographie physique*, le vœu, qu'après la chûte d'un globe de feu, on pût une fois trouver l'occasion d'examiner de quelle substance il était composé.

Ce désir, selon toute apparence, a été déjà satisfait plusieurs fois, quoiqu'on se soit toujours mépris sur la nature de ce météore.

Parmi les divers exemples de masses de fer qu'on dit être tombées avec un bruit semblable à celui du tonnerre, les trois premiers sont tirés d'un Mémoire de M. l'abbé Stütz, aide-naturaliste au cabinet impérial de Vienne, insérés dans l'ouvrage intitulé *Bergbaukunde*. La troisième de ces observations est certainement la plus remarquable, car il est rare qu'on

C 3

trouve l'occasion de prendre ainsi la nature sur le fait.

Selon tous les principes de physique reçus jusqu'à présent, ces récits devroient passer pour des fables, quelque bien attestés qu'ils pussent être ; mais ils n'auront rien que de naturel si on les explique d'après mes idées.

(*a*) M. Stütz possède une masse, que M. le baron de Hompesch (chanoine d'Eichstædt et de Brüchsal) a reçu des environs de la première de ces villes. C'est un grès d'un gris cendré, où se trouvent implantés de petits grains, les uns de véritable fer natif très-malléable à chaud, les autres d'une ocre de fer d'un brun jaunâtre. Ce grès, composé de parties siliceuses et ferrugineuses, est aussi dur que la pierre à bâtir employée en Saxe.

Cette masse a évidemment subi l'action du feu ; elle est recouverte d'une espèce de croûte d'environ 2 lignes d'épaisseur, formée d'un fer natif malléable et sans mélange de soufre.

Les détails que M. de Hompesch a obtenus au sujet de cette pierre, portent, en substance, que pendant l'hiver, lorsque la terre était couverte de plus d'un pied de neige, un ouvrier briquetier la vit tomber immédiatement après un violent coup de tonnerre. Que cet homme accourut promptement pour la retirer de la neige, mais que sa chaleur l'obligea d'attendre jusqu'à ce qu'elle fût refroidie.

Cette pierre avait environ un demi-pied de diamètre, et était revêtue en entier de cette croûte noire de fer dont j'ai parlé.

Le terrain minéralogique de cette partie du pays est composé uniquement d'une espèce de grès, d'un marbre compacte, et d'une roche calcaire qui fait feu au briquet comme le horn-stein.

Ce récit mérite confiance, par son accord avec les autres faits analogues; mais il s'explique plus aisément d'après ma théorie, qu'en l'attribuant à la foudre.

M. Stütz conjecture que le grès qui se trouvait dans cette masse, était de la même nature que celui du pays où elle fut trouvée. Cette circonstance mérite un examen plus attentif, et ne s'accorde guère avec les grains de fer natif implantés dans le grès; cependant, si elle était fondée, elle ne contredirait pas mon explication; car le fer liquéfié aurait fort bien pu, lors de sa chûte, envelopper une morceau de grès qui se serait déjà trouvé là, et même en quelque sorte le fondre et le pénétrer. Il est bien à regretter qu'on ait négligé de prendre garde à cela, aussi bien qu'à d'autres circonstances, comme, par exemple, de savoir si le ciel était serein ou couvert de nuages, s'il y avait eu un véritable orage, s'il a fait plusieurs fois des éclairs, s'il se trouvait du fer dans le pays, etc.

De Born décrit, dans son *Index fossilium*, tom. I, pag. 125, une mine de fer brillante et réfractaire « paroissant extérieurement sco-» rifiée. (pour nous servir de ses propres ter-» mes), » dont une pierre verdâtre forme la ma-» trice. Ce minéral a été trouvé entre Plann » et Thabor, en Bohême, cercle de Bechin: » quelques personnes superstitieuses assurent » qu'il est tombé du ciel, le 3 juillet 1753, » durant un orage ».

L'apparence scorifiée de cette masse, paraît indiquer qu'elle était revêtue, comme plusieurs de celles dont nous avons parlé, d'une enveloppe de la nature du fer.

Le surnom de *réfractaire et brillante* que Born donne à cette mine de fer, son mélange avec une pierre verdâtre et sa propriété d'être attirable à l'aimant, permettent de douter que ce métal s'y trouvât minéralisé plutôt que natif : circonstance qui mériterait d'être observée avec plus de soin. Il ne faudrait pas non plus négliger d'examiner si la roche verdâtre qui accompagne ce minerai, n'aurait pas quelque ressemblance avec celle d'une nuance pareille qu'on trouve dans la masse de Sibérie.

Il est à regretter qu'on ait négligé de recueillir les dépositions de ceux qui disaient avoir vu tomber cette pierre.

(*c*) On a eu cette attention pour les faits suivans : ils sont constatés par les dépositions juridiques de sept témoins, dont l'acte rédigé par le consistoire épiscopal d'Agram, se trouve inséré textuellement dans le même Mémoire de M. Stütz.

Le 26 mai 1751, à 6 heures du soir, on aperçut dans le ciel un globe de feu qui, se trouvant près de Hraschina, comitat d'Agram dans la Haute-Esclavonie, se divisa en deux fragmens semblables à des chaînes de feu entrelacées, où l'on aperçut une fumée d'abord noire et ensuite diversement colorée, et qui tombèrent avec un bruit épouvantable et avec une telle force, que l'ébranlement fut pareil à celui d'un tremblement de terre.

L'un de ces fragmens, qui pesait 71 livres,

tomba dans un champ labouré peu de tems auparavant, où il s'enfonça de trois toises dans
la terre, et occasionna une fente de deux pieds
de large, autour de laquelle la terre était verdâtre, et semblait avoir subi l'action du feu.
L'autre de ces morceaux, du poids de 16 liv.,
tomba dans une prairie, à une distance de
2000 pas du premier, et donna lieu à une
autre fente large de quatre pieds.

Un grand nombre de personnes ont entendu,
dans divers cantons de la même province, l'explosion de ce globe ; elles ont aussi remarqué
qu'il tombait du ciel quelque chose d'enflammé,
sans pouvoir déterminer en quel endroit, à
cause de l'éloignement.

Ces deux masses paraissent être composées
des mêmes substances. La plus grande a été
envoyée au cabinet d'Histoire naturelle de
Vienne, où on la conserve avec le procès-
verbal de sa chûte. On ne saurait nier que ces
masses n'aient subi l'action du feu, car elles
sont entièrement formées d'un fer natif, et
leur surface est pleine d'enfoncemens globu-
leux, plus grands et moins profonds que ceux
de la masse de Sibérie, auxquels ils ressemblent d'ailleurs. On n'y trouve aucun vestige
du minerai jaunâtre qui les remplit dans cette
dernière, ni de grès, comme dans la pierre
d'Eichstædt. Celles dont nous parlons sont, au
contraire, uniformément noires et compactes
comme une masse de fer forgé.

Voici ce que M. Stütz ajoute à ces détails :
« La manière ingénue dont on rapporte cette
» histoire, sa ressemblance avec celle de la
» masse d'Eichstædt, l'accord et la naïveté des

» dépositions , lorsque les témoins n'avaient
» aucun motif pour soutenir unanimement une
» fausseté , rendent au moins probable que ce
» récit n'est pas dépourvu de fondement. Mais
» nous nous garderons d'en conclure que ces
» masses de fer fussent réellement tombées du
» ciel. On pouvait le croire en 1751 , tant on
» était peu avancé à cette époque dans la con-
» naissance de l'histoire naturelle et de la phy-
» sique ; mais de nos jours on serait inexcu-
» sable d'accorder la moindre confiance à de
» pareilles fables ».

En conséquence de cette décision , M. Stütz
cherche à expliquer ce phénomène par l'action
de la foudre. Il se fonde principalement sur ce
que l'électricité possède la propriété de révivifier
les oxydes métalliques , comme le prouvent les
expériences de Comus rapportées dans les *Annales de Crell, pour* 1784.

Je ne m'étonne pas de la répugnance que
montre cet habile physicien , à admettre dans
la relation de ces phénomènes , des circonstances qui semblent contrarier , en effet ,
toutes les idées reçues , et qu'il soit disposé à
leur donner des explications conformes aux
principes ordinaires de la physique ; cependant
je ne crois pas déceler un défaut de lumière
indigne du siècle où nous vivons , en défen-
dant l'exactitude des circonstances rapportées
dans le procès-verbal , et en prétendant que
ces masses sont véritablement tombées de l'atmosphère , où elles faisoient partie d'un bolide , et qu'elles ne sont point le produit de la
foudre.

A la vérité M. Gronau nous apprend , dans

les *Mémoires de la Société d'Histoire naturelle de Berlin*, tom. 9, pag. 44, que cette dernière hypothèse était également admise par le célèbre Ferber, qui avait vu cette masse et le procès-verbal de sa chûte. Mais il n'a point énoncé les faits précisément tels qu'ils sont rapportés dans cette pièce ; car on n'y trouve aucune mention *d'un orage des plus épouvantables ;* elle ne porte pas non plus, que *le tonnerre soit tombé dans un terrain ferrugineux , etc.*

On voit par-là combien il est nécessaire d'apporter la plus grande exactitude dans le récit des phénomènes , sous peine de se laisser entraîner par l'esprit de système dans les explications qu'on cherche à en donner.

Outre ces exemples rapportés par M. Stütz, il en existe encore beaucoup d'autres , dont les plus anciens méritent d'être cités, à raison de leur accord singulier avec les observations précédentes, quoique l'ignorance et la crédulité de ces tems ne permettent pas d'y faire beaucoup de fond.

(*d*) Pline raconte (*Hist. nat. lib. II, cap.* 56), qu'il tomba en Lucanie du fer en morceaux , qu'il compare à des éponges. Si le fait est vrai, ce fer aurait eu de la ressemblance avec les masses dont nous allons parler dans les §. suivans, et qui étaient aussi d'une texture spongieuse (1).

(*e*) Avicennes (*apud Averrhoes , lib. II ,*

---

(1) Voici le texte de Pline : *Item (relatum in monumenta est pluisse) ferro in Lucanis , anno antequam M. Crassus à Parthis interemptus est; effigies quae pluerat , spongiarum ferè similis fuit.*

méteor. cap. 2,) dit avoir vu à Cordoue en Espagne, une pierre sulfureuse tombée du ciel.

(*f*) On trouve dans la *Chronique Saxonne* de Spangenberg, qu'en 998 il tomba, pendant un orage, deux pierres, l'une dans la ville de Magdebourg, l'autre dans un champ des environs, situé sur le bord de l'Elbe.

(*g*) Jérôme Cardan (1), qu'il faut à la vérité regarder comme un écrivain des plus crédules, raconte, qu'en 1510 il vit de ses propres yeux tomber du ciel environ 120 pierres, parmi lesquelles il s'en trouvait deux qui pesaient, l'une 120 liv., et l'autre 60. Ces pierres avaient la couleur du fer : elles étaient très-dures, et sentaient le soufre. Il remarque qu'on vit, à 3 heures, un grand feu dans le ciel, et que les pierres ne tombèrent qu'à 5 heures avec une espèce de sifflement.

Il s'étonne que des pierres aussi lourdes aient pu se soutenir 2 heures dans l'air ; supposition que personne, en effet, ne sera probablement tenté de faire.

(*h*) Jules-César Scaliger (2) assure avoir eu, entre les mains, un morceau de fer tombé du ciel en Savoie.

(*i*) Wolf (3) parle, d'après Sébastien Brandt, (il s'agit, sans doute, de sa *Chron. Germ. praesertim Alsatiæ*, ouvrage que je n'ai pu me procurer) d'une grande pierre triangulaire qui tomba du ciel en 1493 à Ensisheim dans la

---

(1) *De Varietate rerum*, lib. xiv, cap. 72.
(2) *De Subtil. exerc.* p. 323.
(3) *Lection. memorab.* t. II, p. 911.

Haute-Alsace, et qu'on conserve attachée à une chaîne dans l'église du lieu.

Muschenbroeck (1) dit que cet événement est arrivé en 1630, et que la pierre, qui pèse environ trois cents livres, est noire, et porte des marques évidentes de l'action du feu. Mais cette date ne saurait être exacte, puisque Sébastien Brandt, sur le témoignage duquel on se fonde, ne vivait plus alors depuis longtems. D'ailleurs, Wolf lui-même avait publié son ouvrage avant cette époque.

On peut aussi conjecturer que ce phénomène n'est point arrivé en 1493, mais l'année précédente; car, selon d'autres relations, on a placé, près de cette pierre, le chronogramme suivant, dont les lettres réunies font 1492:

CENTENAS bIs habens rVpes en saXea LIbras ensheMII eX CoeLI VertICe Lapsa rVIt.

(MCCC LLLXX VVVIIIIIII = 1492).

Les quatre exemples suivans sont rapportés fort au long dans le 16e. vol. de la *Collection de Breslau* (*Breslauer Sammlung*), pag. 512-513.

(*k*) En 1559, il tomba à Miscoz en Transilvanie, au milieu d'un orage et d'un ouragan épouvantable, cinq pierres grosses comme la tête, très-lourdes, et d'une couleur jaune-pâle, approchant de celle de la rouille de fer. Elles sentaient fortement le soufre. Quatre d'entre elles furent déposées au cabinet de Vienne. Voyez *Nic. Isthuanfii Hist. Hungar.* lib. XX, folio 394.

(*l*) Le 26 juillet 1581, entre 1 et 2 heures

_____
(1) *Essais de Physique*, t. 2, §. 1557.

après-midi, pendant un violent coup de tonnerre, qui fit trembler la terre, mais par un ciel serein, à la réserve d'un petit nuage clair, il tomba en Thuringe une pierre pesant 39 liv., d'une couleur bleue tirant sur le brun. Elle faisait feu comme de l'acier quand on la frappait avec une autre pierre. (Par conséquent elle devait être composée de fer très-dur.) Elle s'enfonça de deux ou trois pieds dans la terre, qu'elle fit rejaillir de neuf ou dix pieds. Elle était si chaude en tombant, que l'on ne put d'abord la manier. On dit qu'elle fut envoyée à Dresde. *V. Joh. Binhards, Thüringisches Chronik*, pag. 193.

(*m*) Le 6 mars 1636, à six heures du matin, le tems étant serein, une pierre considérable tomba des airs avec un grand bruit, entre Sagan et le village de Dubrow en Silésie. Elle était revêtue d'une espèce de croûte, et ressemblait intérieurement à un minerai métallique. Elle était extrêmement friable, et paraissait légèrement attaquée par le feu. *V. Lucas, Schlesisches Chron.* pag. 2228.

(*n*) Le 16 mars 1698, une pierre noire tomba avec beaucoup de bruit près du village de Waltring, canton de Berne ; cette masse fut déposée à la Bibliothèque de cette ville avec un récit de ce fait. *V. Scheuchzers Naturgeschichte des Schweizerlandes*, part. II, *ad ann.* 1706, pag. 75.

Je dois remarquer que, d'après les circonstances qu'on rapporte, il n'est pas démontré que la pierre déposée à la Bibliothèque fût bien la même qui était tombée.

(*o*) Le D\. Ross rapporte, dans le 31\. volume de la *Collection de Breslau*, pag. 44, que le 22 juin 1723, vers deux heures après midi, le tems étant serein, à l'exception d'un petit nuage, on vit tomber avec un grand bruit, mais sans qu'on remarquât aucun éclair, des pierres de différentes grandeurs, dans les environs de Pleskowicz, à quelques milles de Reichstadt en Bohême : on en ramassa 25 dans un endroit, et 7 ou 8 dans un autre. Ces pierres étaient noires à l'extérieur, ressemblaient intérieurement à un minerai métallique, et exhalaient une forte odeur de soufre.

(*p*) Vassalli, dans ses *Lettere fisico-meteorologiche*, déjà citées, pag. 120, fait brièvement mention d'une pierre tombée à Alboreto pendant l'été de 1766. Je parlerai à la fin du §. 15, de l'explication que Beccaria, dans le *post script* d'une lettre à Franklin, intitulée *De electricitate vindice*, a cherché à donner de ce phénomène, dont il tenait les circonstances de Fogliani, évêque de Modène.

(*q*) Enfin on trouve, dans l'*Hist. de l'Ac. des Sc.* pour 1769, pag. 20, l'histoire très-remarquable de trois pierres tombées du ciel pendant des orages, dans des provinces de France fort éloignées entr'elles, le Maine, l'Artois et le Cotentin, et qui furent envoyées à l'Académie. On dit bien que les circonstances de leur chûte furent les mêmes, mais on ne décrit pas ces circonstances. On se contente de rapporter qu'on entendit un sifflement, et que ces masses étaient encore chaudes lorsqu'on les ramassa. Ces trois pierres se ressemblaient parfaitement par leur couleur et par leur texture, où l'on distinguait de petites parties métalliques et pyriteuses.

Elles étaient revêtues extérieurement d'une croûte dure et ferrugineuse.

L'analyse chimique, à laquelle on aurait pu néanmoins apporter plus de soin, fit connaître qu'elles renfermaient du fer et du soufre.

L'Académie des Sciences déclare (à cette occasion), « qu'elle est bien éloignée de conclure, de la ressemblance de ces trois pierres, qu'elles aient été apportées par le tonnerre ; mais que frappée de l'accord qu'ont entr'eux des faits observés dans trois endroits si éloignés, de la parfaite conformité de ces pierres, et des caractères qui les distinguent de toutes les autres substances minérales, elle a cru devoir faire connaître ces observations, et inviter les physiciens à en faire de nouvelles sur ce sujet».

La ressemblance de toutes ces différentes masses entr'elles devient une chose très-remarquable par l'uniformité des circonstances mentionnées dans un très-grand nombre de relations.

Le fer, tantôt seul, tantôt mêlé de soufre ou de quelques parties pierreuses, se trouve former constamment une des parties constituantes de toutes celles qu'on a analysées. Leur pesanteur et la croûte ferrugineuse dont elles sont toutes revêtues, permet d'en dire autant de celles mêmes qui n'ont point été examinées. Aucune relation n'affirme que leur chute ait été précédée ou accompagnée d'un véritable tonnerre ; d'ailleurs, parmi les faits dont il est fait mention, il n'y en a aucun qui ne soit explicable par les bolides plutôt que par la foudre.

Je crois devoir encore rapporter ici deux observations qui pourraient bien avoir rapport au même objet, quoique je n'ose point l'affirmer.

M.

M. Bucholz de Weimar décrit, dans le 4e. cahier du Journal allemand, intitulé, *Der naturforscher*, pag. 227, une scorie noire, poreuse et brillante, parsemée de tâches ocreuses, qu'il tenait de M. Walch de Jena, à qui elle avait été envoyée par M. le pasteur Klein de Presbourg.

Selon la relation de ce dernier, le 6 septembre 1771, à 8 heures du soir, la foudre étant tombée en pleine campagne, dans le comitat de Neutra, à onze milles de Presbourg, mit le feu à une grande meule de foin, qui brûla pendant huit jours, et parmi les cendres de laquelle on trouva plusieurs scories d'une même espèce.

D'après l'analyse chymique qui en fut faite, ces scories parurent être composées d'argile ferrugineuse vitrifiée par le feu, et qui ne contenaient pas un atome de substances végétales.

M. Bucholz les attribue à quelque corps étranger qui se trouvait par hasard dans le foin, ou bien il suppose que la chaleur a pu vitrifier le terrain sur lequel reposait la meule. Mais la présence de cette masse scorifiée s'expliquerait encore plus naturellement, en admettant que l'incendie eût été occasionné par les fragmens d'un bolide qui aurait éclaté dans cet endroit, comme cela est arrivé le 11 novembre 1761. Il serait possible que, par un tems couvert, on confondît la lumière vive d'un bolide avec celle d'un éclair, et son explosion avec le bruit du tonnerre.

On lit dans les *Nov. act. Acad. nat. curios.*, tom. III, obs. 51, pag. 221, un autre fait semblable. Un amas de foin ayant été mis en feu

D

par le tonnerre, on trouva parmi les cendres une grande quantité de scories dures et d'un gris foncé, tenant, disait-on, de la nature de la chaux, mais dont on négligea l'analyse chimique. Il serait possible que, dans ce second cas, les scories ne fussent que le produit de la combustion du foin ; mais dans le premier, les parties constituantes de la masse paraissent indiquer une autre origine. Ses tâches, semblables à de l'ocre, et la proportion considérable de fer qu'elle contenait, semblent sur-tout la rapprocher de la nature de celles qui proviennent des bolides.

§. IX. *Description de la masse de fer natif, trouvée par Pallas, et de quelques autres semblables.*

La masse de fer, trouvée en Sibérie par M. Pallas, est, de même que les deux autres dont nous allons faire mention, si semblable à celles dont nous avons parlé dans le paragraphe précédent, qu'on pourrait, avec toute sorte de raison, leur attribuer la même origine : opinion favorisée d'ailleurs par la tradition des Tartares, qui ont pour cette masse un respect particulier, la croyant tombée du ciel. Ne serait-il pas bien plus extraordinaire, de regarder cette ressemblance comme purement fortuite, que de croire cette tradition fondée sur l'observation de quelque bolide, sur-tout lorsque cette origine est confirmée par tant d'autres preuves ?

(*a*) Cette masse a été trouvée à la surface

de la terre, entre Krasnojarsk et Abakansk, au milieu de montagnes schisteuses. Elle pesait 1600 liv. Sa figure était très-irrégulière et un peu aplatie ; elle était extérieurement entourée d'une croûte ferrugineuse, l'intérieur était composé d'un fer ductile, cassant à chaud ; il était poreux comme une éponge grossière, et ses interstices étaient remplis d'une olivine fragile, dure et d'un jaune d'ambre. La texture de cette masse était uniforme, et l'olivine s'y trouvait distribuée également, sans aucune apparence de scories ni de l'action d'un feu artificiel.

(b) D. Miguel Rubin de Celis, a trouvé, dans l'Amérique méridionale, province de Chaco, près d'Otumpa, jurisdiction de S. Jago del Estero, une masse pesant environ 300 quintaux, du fer le plus ductile et le plus pur, dans un pays où, à 100 milles à la ronde, il n'y a ni mines de fer ni montagnes, ni même aucunes pierres. La surface extérieure de cette masse, enfoncée dans un terrain crayeux, était compacte et couverte d'enfoncemens. L'intérieur était plein de cavités ; au-dessous l'on trouvait une croûte d'ocre de fer, épaisse de 4 à 6 pouces. Mais plus avant en terre, on ne voyait aucun vestige de fer. Tout ce pays est inhabitable par le défaut d'eau. Dans les bois immenses de cette région, il se trouve, dit-on, encore un de ces morceaux d'une forme approchant de celle d'un arbre. Le Mémoire de Rubin de Celis, à ce sujet, se trouve dans les *Trans. philos.*, vol. 78, part. I, pag. 57, et dans les *Annales de chimie*, tom. V, pag. 149.

(c) Dans le 7e. volume de la *Collection de*

Berlin (*Berliner Sammlung*), pag. 523, et dans le 36ᵉ. cahier du Journal de Wittemberg (*Wittembergisches Wochenblatt*), pour 1773, il est fait mention d'une masse de fer ou d'acier que M. Lœber, médecin d'Aken (duché de Magdebourg), découvrit sous le pavé de cette ville, et qu'il fit déterrer. On en sépara quelques morceaux, qui, étant forgés, se laissèrent tremper et polir comme le meilleur acier d'Angleterre.

La masse entière pesait de 15 à 17 milliers, et était entourée d'une croûte d'un demi-pouce à un pouce d'épaisseur. M. Lœber en a donné trois petits morceaux, dont un forgé et poli, à M. le docteur Kretschmar de Dresde, dont le cabinet se trouve réuni maintenant à celui de l'Université de Wittemberg, où j'ai vu ces échantillons avec l'histoire de leur découverte. Les deux fragmens bruts ont une texture spongieuse ou réticulaire, semblable à celle de la masse de fer de Sibérie, mais sans être mélangés avec aucune autre substance minérale ; leur malléabilité est évidente à l'endroit où ils ont été coupés par le ciseau. Le morceau qui est forgé a un poli très-vif dans la partie de sa surface qui n'est point rouillée.

Il serait à désirer qu'on sût où a été déposée la masse entière de laquelle proviennent ces échantillons, (supposé qu'elle existe encore), afin qu'on pût l'examiner avec soin.

(*d*) Ne pourrait-on pas citer ici également quelques-uns des morceaux de fer fondu mêlé de toutes sortes de scories et de pierres, que M. Nauwerk a trouvés en divers lieux de la France et de l'Allemagne, principalement sur des montagnes isolées (1) , puisqu'ils ont été évidemment modifiés par le feu ?

Qu'il ait même trouvé du charbon de bois adhérent à quelques-uns de ces morceaux, cette circonstance ne détruit pas l'idée qu'on pourrait avoir sur leur origine , puisque ces masses fondues ont pu , lors de leur chute , envelopper et charbonner des morceaux de bois.

La circonstance que ces masses ont été trouvées pour la plupart sur des montagnes isolées , me semblent favoriser mon hypothèse ; car une montagne semblable présente plus de surface à une masse qu'on suppose tomber de l'atmosphère dans une direction très-inclinée , et souvent même presque parallèle à l'horizon , que ne le ferait une plaine égale à la base de cette montagne. D'ailleurs , une montagne isolée peut recevoir plus aisément un corps qui tombe de la sorte , que si elle était entourée et abritée par d'autres élévations. Enfin, une masse qui , dans le terrain meuble d'une plaine , s'enfoncerait profondément , demeure visible à la surface d'un sol pierreux , tel que l'est ordinairement celui des montagnes.

§. X. *Preuve que l'origine de ces masses de fer ne peut être neptunienne.*

Il est incontestable qu'il existe , ou du moins qu'il peut exister du fer natif produit par la voie humide , tel que celui trouvé à Grosskamsdorf et à Steinbach : s'il s'en rencontre

---

(1) Voyez *Crells Beytraege zu den Chemischen Annalen ,* 1 vol. 2º. cah. p. 86.

D 3

rarement, c'est probablement à cause de la facilité avec laquelle ce métal est attaqué par les acides sulfurique et carbonique. Mais cette origine ne peut être celle de la masse de Sibérie et de plusieurs autres analogues ; car ces masses ont évidemment subi l'action du feu, et se sont refroidies par degrés, comme le prouvent leur surface convexe par en bas, et aplatie ou comprimée par en haut, leur croûte, extrêmement dure, et ordinairement alvéolée, leur texture spongieuse à l'intérieur, et leurs autres caractères distinctifs. L'action du feu est encore manifeste dans celle de Sibérie, par l'aspect vitreux de la pierre, dont ses cavités sont remplies.

MM. Gerhard, Bergmann et plusieurs autres physiciens, ont reconnu que la texture seule de cette masse était suffisante pour qu'on pût attribuer son origine au feu.

On peut le conclure encore de la ressemblance que ces masses ont, à tous égard, avec les pierres tombées du ciel et mentionnées dans le paragraphe 8 ; ce qui doit leur faire attribuer la même origine qu'à ces dernières, où l'on ne peut guère méconnaître l'intervention du feu, ou, si on l'aime mieux, de l'électricité.

Les trois masses, de Sibérie, de l'Amérique méridionale et d'Aken, ont encore de commun avec celles du paragraphe 8, d'avoir été trouvées, non à une grande profondeur dans la terre, mais isolées à sa surface ou fort peu au-dessous, et sans aucune connexité avec des filons ou avec leurs salbandes.

D'ailleurs, il n'existe aucune apparence de

minerai de fer dans le pays où l'on a découvert
deux d'entr'elles. Quant à la masse de Sibérie, il
faut avouer que Pallas a trouvé à 100 pas de
distance, de la mine de fer magnétique ; mais
la masse elle-même était plus élevée et tout-à-
fait isolée au haut d'une montagne schisteuse ;
et ces circonstances locales, quoiqu'elles ne
prouvent rien par elles-mêmes, ne laissent pas
que de concourir à écarter l'idée d'une formation par la voie humide.

§. XI. *Preuves que ces masses ne sont point le
produit d'une fusion artificielle.*

Maintenant, si nous passons aux raisons qui
démontrent que ces masses ne sont point le
produit de l'art, nous pourrons alléguer,
1°. La ressemblance singulière qu'elles ont
avec les masses tombées du ciel. 2°. Les détails que Pallas a donnés relativement à la
Sibérie, d'après lesquels les anciens mineurs de
ce pays, dont les travaux subsistent encore, ne
paraissent pas avoir façonné le fer ; du moins
tous leurs instrumens tranchans qu'on a trouvés sont faits de cuivre ou de métal de cloches,
et toutes les scories qu'on y trouve proviennent de minerai de cuivre pyriteux. Eût-on
même trouvé des scories de fer, les fourneaux
de ces anciens habitans étaient trop impar-
faits, pour qu'ils pussent forger une masse
de quelques *pouds*, encore moins une de seize
cents livres, qui exigerait un haut fourneau
construit sur de grandes dimensions. En admettant même la possibilité de ce fait, on ne
saurait concevoir pourquoi, une masse si pe-

sante, si difficile à forger par son mélange avec des parties pierreuses, aurait été transportée sur une montagne escarpée, dans le voisinage de laquelle on n'aperçoit aucun vestige de travaux ni de fonderies.

Les masses de l'Amérique méridionale et d'Aken, qui surpassent de beaucoup celle de Sibérie par leur poids, peuvent encore moins être le produit de l'art, et il est impossible d'expliquer pourquoi la masse de l'Amérique méridionale aurait été transportée dans un pays inhabitable, et pourquoi on n'aurait fait aucun usage de celle d'Aken.

3º. Si la masse de Sibérie était le produit de l'art, les parties pierreuses qui y sont mêlées ne seraient point si également distribuées ni si transparentes ; car les scories qui résultent des travaux métallurgiques, sont ordinairement noires et opaques.

4º. Le fer de cette masse et ses parties pierreuses, traités sans addition, résistent tellement à la fusion, que Meyer, dans ses expériences, n'a pu venir à bout de le fondre, en totalité, au feu le plus ardent, quoique la partie qui touchait immédiatement au creuset se vitrifiât et contractât adhérence avec lui.

5º. Enfin, la malléabilité de ce fer est assurément une des plus fortes objections, car le fer de fonte est toujours cassant. Ce n'est qu'à force de passer sous le marteau, et en devenant en même-tems infusible, qu'il obtient sa ductilité. Celui dont nous nous occupons est, au contraire, malléable, tant à froid qu'à une chaleur modérée, et ne peut entrer en fusion qu'après avoir été mêlé avec des substances combustibles ; mais alors il ne peut se forger ni à chaud ni à froid.

Cette malléabilité est aussi remarquable , non-seulement dans les masses de l'Amérique méridionale et d'Aken , mais aussi dans celles d'Eichstædt et d'Agram.

On pourrait se fonder sur ces deux dernières circonstances pour nier , en général, que ces masses aient été dans un état de fusion ; mais puisque tout prouve , d'ailleurs , qu'elles ont subi l'action du feu , on peut croire que cette espèce de fusion sans préjudice de la malléa‑ bilité , qui serait impossible à un feu ordi‑ naire , a été opérée par la nature , au moyen d'un feu beaucoup plus fort , et probablement avec le secours de l'électricité. La croûte d'un fer ductile et malléable , dont la masse d'Eichs‑ tædt est enveloppée , prouve évidemment la possibilité d'une semblable fusion.

§. XII. *Preuves que ces masses n'ont point été formées par l'incendie d'une forêt ou d'une couche de houille.*

Les mêmes raisons qui militent contre l'ori‑ gine artificielle de ces masses , prouvent aussi qu'elles ne sont point formées par l'incendie d'une forêt ou d'une couche de charbon de terre. D'ailleurs , cette opinion paroîtra bien invraisemblable , si on fait réflexion que ces grandes masses ont été trouvées dans des lieux où il ne pouvait se réunir , dans un espace borné , une quantité de fer aussi considérable que ces masses l'auroient exigé ; car la masse de Sibérie ne se trouve point sous les gîtes de mines de fer qui sont dans le voisinage, mais plus haut, sur une montagne schisteuse. Celle d'Amérique est dans un pays où l'on ne découvre, à une grande distance, ni mines de fer, ni montagnes, ni même aucune pierre autre que la craie, dont le terrain est composé. On ne voit pas non plus, dans le gissement de celle d'Aken, de circonstance favorable à l'aggrégation d'une si grande quantité de fer.

Enfin, si l'incendie d'une forêt ou d'une mine de houille eût produit, par la fusion, d'aussi grosses masses de fer, comment n'en trouverait-on pas aux environs d'autres égales, ou plusieurs plus petites ; et pourquoi seraient-elles isolées, comme les observations font présumer qu'elles le sont en effet ?

§. XIII. *Preuves que ces masses ne sont point d'origine volcanique.*

Il nous reste encore à démontrer que ces masses ne sont point d'origine volcanique.

Nous citerons pour preuves :

1°. Leur ressemblance avec celles des globes de feu.

2°. La demi-transparence de la pierre contenue dans la masse sibérienne, et son mélange très-égal avec le fer, sans être incorporée avec ce dernier, ni convertie avec lui en scorie, ainsi que cela auroit dû arriver dans une fusion occasionnée par le feu des volcans encore plus que dans tout autre cas.

3°. Ni le fer, ni la pierre contenue dans ces masses, n'ont pu se fondre par l'action du feu volcanique, puisqu'ils résistent au feu le plus violent que l'art puisse produire.

(*d*) D'ailleurs, la fusion volcanique pourrait encore moins que toute autre donner à ce fer la malléabilité extraordinaire qu'on lui reconnaît, puisque dans ce cas il seroit, sans doute, mêlé de beaucoup de substances hétérogènes.

(*e*) On ne connaît point de volcans dans les pays où on a découvert ces masses de fer, du moins aucuns n'en sont assez voisins pour avoir pu lancer des masses si considérables et si pesantes, jusqu'au lieu où elles ont été trouvées.

(*f*) On ne rencontre rien qui leur ressemble parmi les produits volcaniques.

(*g*) Enfin, si une masse de cette grandeur avait été lancée par un volcan, il devrait s'en trouver dans le voisinage plusieurs autres plus petites, tandis qu'on n'en a rencontré aucune.

§. XIV. *Preuves que ces masses n'ont point été fondues par le tonnerre.*

De toutes ces opinions, la moins contraire aux loix de la nature, me paraît être celle qui attribue l'origine de ces masses à l'action de la foudre. Cette explication paraît seule pouvoir s'accorder avec les diverses relations que nous avons rapportées dans le paragraphe 8, et dont l'exactitude est attestée par leur accord entr'elles.

Les expériences de Comus (1) prouvent que

_____

(1) *Crells Beytraege zu den Chemischen Annalen,* 1784

l'étincelle électrique révivifie les oxydes métalliques. D'ailleurs, le fluide électrique a pu
seul mettre en fusion le fer malléable, et l'olivine, dont la masse de Sibérie est composée ;
on sait que ce fluide peut liquéfier beaucoup
de substances sur lesquelles le feu ordinaire
n'a aucune action, par exemple, le quartz, ce
dont Withering (1) rapporte un exemple.

Néanmoins cette opinion ne laisse pas que
d'être aussi peu vraisemblable que les précédentes, comme le démontrent des raisons que,
pour éviter les répétitions, je rapporterai dans
le paragraphe suivant.

§. XV. *Motifs pour croire que ces masses sont*
dûes à une même cause.

Voici les raisons qui prouvent que les diverses masses mentionnées dans les paragra-
phes 8 et 9 ont eu toutes la même origine.

(I.) Le rapport qu'ont ces masses avec les
phénomènes qu'on observe dans les bolides.

(*a*) Je me flatte d'avoir démontré ci-dessus,
que les bolides sont formés de matières compactes et pesantes qui, ayant un mouvement
très-rapide, s'électrisent et s'enflamment par le
frottement de l'atmosphère, et que les fluides
élastiques, développés par la chaleur, dilatent
ces matières en fusion, jusqu'à ce que le
globe, trop distendu, finisse par crever.

(1) *Philos. Transact.* vol. 80, part. 2. Douzième cahier
du *Journ. de Phys.* de Gren. *Voigts Magazin*, t. 7, 4ᵉ. p.
p. 32.

Il faut, par conséquent, conclure qu'à l'endroit où tombe un de ces globes, on doit trouver des matières qui possèdent les mêmes propriétés. Or, le fer, dont toutes les masses connues jusqu'ici sont principalement composées, réunit toutes ces propriétés à un degré éminent. La pesanteur et la ténacité de la matière des bolides doivent être très-considérables, puisque, dans leur plus grande dilatation, ces météores conservent encore assez de consistance pour continuer de se mouvoir avec une si excessive rapidité sans se dissiper, et sans être arrêtés par la résistance de l'air, circonstance qui s'accorde très-bien avec la ténacité et le poids du fer fondu. Plusieurs observateurs comparent l'éclat de ce métal en fusion à la blancheur éblouissante des bolides. Enfin la propriété de brûler en jetant de la fumée et des étincelles, se remarque aussi dans le fer, surtout lorsque sa combustion a lieu dans l'oxygène.

Quant à l'expansion des bolides par l'effet des fluides élastiques, et leur contraction subséquente lorsqu'ils se refroidissent, on reconnaît l'action de ces deux forces dans les masses dont nous parlons, à la texture spongieuse qu'elles offrent à l'intérieur, et aux enfoncemens alvéolaires de leur croûte.

On a trouvé une certaine quantité de soufre dans quelques-unes de ces masses, circonstance qui s'accorde parfaitement avec la facilité qu'ont les bolides de brûler dans un air très-rare et impur, car on sait que le soufre peut brûler, même sous le récipient de la machine pneumatique, à un degré de raréfaction de l'air, qui ne le permet point aux autres corps. Quant à celles de ces masses où l'on n'a point trouvé de soufre, on peut conjecturer qu'il s'étoit dissipé en vapeurs pendant la combustion, ainsi que l'indique la forte odeur sulfureuse dont quelques observateurs font mention, et qui duroit encore quelque tems après la disparution du météore.

C'est peut-être aussi la présence d'un reste de soufre dans la masse de Sibérie, qui en rend le fer cassant à chaud, comme elle le dispose à se rouiller très-facilement, ainsi que celui de la masse d'Aken.

(a) Tout, dans ces masses, atteste leur fusion; mais nous croyons avoir prouvé ci-dessus qu'elle n'a pu être produite par un feu ordinaire, soit naturel, soit artificiel, surtout parce que le fer, quand il est aussi malléable que celui de ces masses, est éminemment infusible, et que si l'on parvient à le fondre par l'addition de substances combustibles, il perd sa malléabilité, et devient semblable à de la fonte ordinaire.

Quant à l'olivine de la masse de Sibérie, elle est tout aussi réfractaire. Il a donc fallu pour la vitrifier un feu beaucoup plus puissant que ne peuvent en produire les moyens ordinaires de la nature et de l'art, et l'on est forcé d'avoir recours, soit à l'action d'un feu extraordinaire, soit à celle de l'électricité, soit plus probablement encore au concours de ces deux causes. Il s'ensuit qu'on ne sauroit admettre d'autre origine pour ces masses, que les bolides ou la foudre.

Mais la foudre a pour elle bien peu de probabilités; car, sans parler des autres raisons qui militent contre cette hypothèse, je ne crois pas qu'on puisse alléguer un seul cas où le tonnerre, en tombant sur une masse métallique un peu considérable, ne se soit pas borné à fondre superficiellement ses bords. On ne sauroit donc supposer que la foudre ait fondu complétement des masses de 2, 3 et même 16 à 17 milliers, d'une nature extrêmement réfractaire. Reste donc le système qui attribue aux bolides l'origine de ces masses, et ce système, fortifié d'ailleurs par tant de preuves, est, en effet, celui par lequel on peut le mieux expliquer leur fusion.

On remarque, par les observations faites sur les bolides, que la vitesse de leur mouvement égale tout au moins celle du mouvement de translation de la terre ou de tout autre corps céleste, et qu'elle est cent fois plus considérable que celle d'un boulet de canon. On conçoit quel degré de chaleur ils doivent acquérir par le frottement de l'atmosphère, en même-tems qu'ils s'électrisent au plus haut degré. Sans doute, l'action de ces deux causes réunies doit surpasser de beaucoup l'effet de quelque feu que ce soit, naturel ou artificiel, et celui même de la foudre.

(II.) Outre la ressemblance qu'ont entr'elles ces masses elles-mêmes, les récits qui constatent leur chute, en offrent une autre non moins frappante, qui ne peut être l'effet du hasard, et qui doit nous faire regarder ces témoignages comme dignes de foi.

Dans le procès-verbal fait à Agram, dont nous avons parlé ci-dessus, les faits sont rap-

portés d'une manière si naïve, et les dépositions des témoins attestées d'ailleurs par le
consistoire de l'évêque, s'accordent si bien
entr'elles et avec les autres relations de météores semblables, qu'on ne saurait refuser de
les admettre, dès qu'ils peuvent s'expliquer
d'une manière qui ne répugne pas à la raison.

Une ressemblance non moins remarquable,
c'est celle des circonstances de la chute des
trois pierres envoyées à l'Académie des Sciences par ses correspondans, quoiqu'elles vins-
sent de trois provinces fort éloignées l'une de
l'autre ; ce qui exclut toute idée d'une impos-
ture préméditée.

La véracité des dépositions une fois admise,
l'essentiel est de savoir si elles peuvent se rapporter au tonnerre ou bien à la chute des fragmens d'un bolide après son explosion.

Les circonstances suivantes ne permettent
pas d'admettre le tonnerre comme cause des
phénomènes, et s'accordent, au contraire,
tellement avec tout ce qu'on sait sur les bolides, qu'on peut dans cette hypothèse, sans
extravagance, admettre la plupart de ces récits comme littéralement vrais.

(a) Le procès-verbal d'Agram porte, que
beaucoup de personnes remarquèrent, en différentes provinces de la Hongrie, la division
du météore, son explosion et le bruit qu'elle
occasionna dans l'air, et qu'elles virent aussi
tomber du ciel quelque chose d'enflammé,
sans pouvoir déterminer le lieu de sa chute à
cause de la distance.

D'après ces circonstances, n'est-il pas clair
que ce météore ne pouvait être qu'un bolide ?
le

le tonnerre n'aurait point causé d'étonnement, et n'aurait pas même été remarqué, surtout pendant le jour, dans une saison où les orages ne sont point rares. Encore moins aurait-il pu, d'une grande distance, ressembler à la chute d'une massse enflammée. Comment, dans des provinces entières, aurait-on pu se méprendre sur le bruit du tonnerre, au point de le comparer unanimement à une explosion ? Cette circonstance seule serait suffisante pour décider la question. Il est évident que la région où ce phénomène se faisait voir, était fort élevée au-dessus de celle où se forment les orages.

(*b*) Il n'est fait aucune mention d'orage ni d'éclairs répétés, soit dans le procès-verbal d'Agram, soit dans les autres relations. Quelques-unes disent même que le ciel paroissait très-serein, et qu'on n'apercevait qu'un seul petit nuage, qui était indubitablement le bolide lui-même.

Si le tems eût été couvert, on n'eût pas manqué de dire qu'il étoit tombé quelque chose *des nues*, puisque cette manière de parler s'accorde mieux avec les idées populaires, mais c'est ce qu'on ne trouve dans aucune relation. Elles parlent, au contraire, du ciel et de l'air, et non *des nues*.

Quant à la masse d'Eichstædt en particulier, il est difficile de croire que sa chute ait été causée par un orage, puisque cet événement eut lieu en hiver, lorsque la terre était couverte d'un pied de neige, et que l'atmosphère ne pouvait être chargée de vapeurs.

(*c*) Pour expliquer l'extrême ressemblance

E

de ces masses entr'elles, il faudrait supposer que la foudre eût toujours frappé une même substance, et l'eût constamment modifiée de la même manière. D'ailleurs, quand la foudre est tombée sur un lieu, on n'y a jamais trouvé de semblables masses, mais tout au plus de la terre scorifiée ou quelque chose d'approchant.

(*d*) Les apparences du météore observées à Agram, sont précisément celles d'un globe de feu, tandis qu'elles ne ressemblent en rien à un éclair.

On vit le bolide se diviser en deux fragmens qui, lors de leur chute, ressembloient à des chaînes de feu entortillées, et à-peu-près l'apparence qu'aurait une masse fondue et dilatée par des vapeurs qui tomberaient avec vitesse.

Quant à la fumée qu'on remarqua en même tems dans le ciel, cela s'observe quelquefois dans les globes de feu, mais jamais dans les plus violens éclairs.

Cette fumée parut d'abord noire, et ensuite colorée ; circonstance qui nous fait croire que le tems était alors serein, et que cette apparence colorée provenait des rayons du soleil ; ce qui confirme l'opinion que nous avons rapportée plus haut à la lettre *b*. Les deux explosions qu'on entendit successivement, paroissent de même convenir à un bolide plutôt qu'à un coup de tonnerre. La première dut avoir lieu lors de la division du globe, et la seconde, qui fut la plus forte et accompagnée d'une secousse, à l'instant où la masse vint à toucher la terre, après avoir fait entendre un bruit sourd pendant sa descente.

(III.) D'après les circonstances locales, on

ne saurait comprendre de quelle manière, une quantité de fer assez considérable pour former de semblables masses, aurait pu se réunir sous un petit volume, soit sur la haute montagne schisteuse où se trouvait celle de Sibérie à une grande distance de toute mine de fer, soit dans les vastes plaines crayeuses de l'Amérique méridionale, soit à Aken, où il n'existe non plus aucune mine de fer, du moins à ma connoissance. Ce qui suffit pour démontrer que ces masses ont encore moins pu être fondues par la foudre que par l'incendie d'une forêt ou d'une mine de houille.

(b) Les particules ferrugineuses fondues par un coup de foudre, n'auraient pu exister qu'à une certaine profondeur dans la terre, tandis que ces masses ont été trouvées exposées à l'air à la surface du terrain.

Tout cela, au contraire, cadre très-bien avec le système qui attribue l'origine de ces masses à un bolide. Car, 1°. un corps dans lequel on remarque évidemment l'action de la pesanteur, quoiqu'il se dilate quelquefois au point d'avoir plus de 500 toises de diamètre avant son explosion ; un tel corps, dis-je, doit renfermer assez de matière pour former de semblables masses ; et 2°., une substance aussi tenace ne peut s'enfoncer beaucoup dans un terrain d'une certaine consistance, par conséquent elle doit ordinairement se trouver à la surface de la terre.

Les antagonistes de ce système pourraient encore prétendre que ces masses ont bien été fondues par la foudre, mais non pas aux mêmes lieux où on les a trouvées, et qu'elles y ont été lancées. D'ailleurs, Beccaria propose, à l'occasion de la pierre d'Alboreto dont nous avons parlé ci-dessus, cette idée qu'il cherche à appuyer par l'expérience suivante : si après avoir enfermé une goutte d'eau, on la réduit en vapeurs au moyen de l'étincelle électrique, cette seule goutte acquiert assez de force pour lancer assez loin un globule métallique ou autre.

On peut répondre qu'il serait inconcevable que des masses d'une nature uniforme, et si différentes de toutes les autres, fussent seules sujettes à être lancées de cette manière. Encore moins peut-on admettre que le tonnerre ait pu lancer des masses aussi considérables que celles d'Aken et d'Amérique, si loin du terrain ferrugineux où elles auraient dû se former. Il ne paraît même pas que l'expérience alléguée par Beccaria puisse être appliquée aux effets du tonnerre.

§. XVI. *Développement du systême de l'Auteur.*

On voit par ce qui précède, que quatre phénomènes, dont aucun n'a encore pu être expliqué d'une manière satisfaisante, s'éclaircissent d'eux-mêmes aussitôt qu'on admet leur origine commune. Ces phénomènes sont :

1°. La nature singulière de la masse de Sibérie et de diverses autres masses semblables dans lesquelles on remarque des indices de fusion qui paraissent ne pouvoir s'accorder avec l'infusibilité actuelle de ce fer et sa malléabilité, et dont plusieurs particularités rendent l'origine si problématique, qu'aucune des diverses hypothèses proposées jusqu'ici n'a pu être généralement admise.

2°. Les bolides sur lesquels les physiciens ont proposé tant d'idées contradictoires entre elles, et pour la plupart opposées à la bonne physique.

3°. Les étoiles tombantes, sur lesquelles on n'a également presque rien de certain à dire.

4°. Les masses ferrugineuses, dont la chute, attestée par tant de témoignages uniformes, ne saurait s'expliquer d'aucune autre manière.

L'idée qu'outre les corps célestes connus, il existe dans l'espace un grand nombre de masses plus petites formées de matières grossières ; cette idée, dis-je, paroîtra sans doute insoutenable à plusieurs personnes qui se croiront fondées, par cela seul, à rejeter toute ma théorie, quelque bien d'accord qu'elle puisse être avec les observations.

Cependant cette idée ne peut paroître incroyable, que parce qu'elle est extraordinaire et neuve, ce qui n'est pas une raison de la rejeter ; et si l'on veut renoncer à toute prévention, on trouvera qu'il est au moins aussi singulier d'oser affirmer qu'il n'existe dans l'espace qui sépare les corps célestes, autre chose qu'une espèce de fluide élastique ou d'*éther*, que de prétendre qu'il peut s'y trouver des matières solides. Au surplus, c'est aux observations dont j'ai déjà rapporté plusieurs, à décider entre ces deux opinions, à l'exclusion des raisonnemens *à priori*, qui ne sont peut-

E 3

être d'aucun poids. L'aveu de son ignorance
est, sans doute, la meilleure réponse qu'on
puisse faire à quiconque demanderoit comment
de semblables masses ont pu se former ou de-
meurer dans cet état d'isolement ; car c'est
à-peu-près comme si l'on demandait l'origine
des corps célestes. D'ailleurs, quelque hypothèse qu'on puisse imaginer, il faut toujours
admettre de deux choses l'une, ou bien que
les corps célestes, à quelques changemens près
qui ont eu lieu sur leur surface, ont toujours
été et seront toujours tels qu'ils sont à présent ;
ou bien que la nature a la puissance de former
des corps célestes et même des systèmes entiers
de ces corps, de les détruire et d'en recom-
poser d'autres avec leurs débris. Or, cette dernière opinion paraît la mieux fondée ; car
on remarque sur notre terre, dans tous les
êtres organisés et non organisés, des alterna-
tives de destruction et de réproduction, que la
nature serait tout aussi capable d'opérer plus en
grand, la grandeur et la petitesse n'étant pour
elle que relatives. D'ailleurs, plusieurs changemens qu'on a remarqués dans des astres
éloignés, viennent à l'appui de cette opinion ;
par exemple la disparution de quelques étoiles
observées autrefois, supposé cependant que
ces changemens ne tiennent pas à des causes
périodiques.

Maintenant, si l'on admet que les corps célestes ont eu un commencement, on ne peut
guère en expliquer la formation, qu'en supposant, soit que diverses matières disséminées
auparavant dans l'espace, fort au large et dans
un état pour ainsi dire *chaotique*, se sont

réunies en grandes masses par la force d'attraction (1); soit que ces corps célestes se sont formés des débris de quelque masse bien plus considérable, dont la destruction a pu être occasionnée par un choc venu du dehors, ou par une explosion dont la cause ait été intérieure. Quelle que soit l'hypothèse qu'on admette, on peut croire aussi, sans invraisemblance, qu'une quantité considérable de ces matières sont restées isolées sans former une grande masse, et sans se réunir à un corps céleste, soit à cause de leur éloignement, soit parce que leur mouvement d'impulsion se sera trouvé dans une direction contraire, et supposer qu'elles continuent de se mouvoir dans l'immensité de l'espace, jusqu'à ce qu'elles arrivent assez proche d'un corps céleste pour en être attirées et y tomber, en occasionnant des météores semblables à ceux qui font l'objet de cet ouvrage.

Un fait remarquable, c'est que ces masses soient principalement composées de fer ; car non-seulement ce métal est abondant à la surface de notre globe (2), et est un des principes constituans de beaucoup d'animaux et de vé-

---

(1) Si l'on admettait cette dernière idée, ne pourrait-on pas regarder les étoiles dites *nébuleuses*, comme autant d'immenses amas de matières destinées à former un jour des corps célestes ? car ces étoiles observées avec les plus forts télescopes, ne se réduisent pas comme les autres à un point lumineux, et malgré leur très-faible lumière elles paraissent ressembler à des disques ou plateaux d'une grandeur sensible. (*Note de l'Auteur*).

(2) Ce qui prouve que l'intérieur de notre globe est composé de métaux, au moins pour un quart ou un tiers,

gétaux , mais encore les phénomènes magné-
tiques font présumer qu'il s'en trouve , dans
l'intérieur de la terre , un amas considérable,
d'où l'on peut conjecturer que le fer est une
des substances qui contribuent le plus à la formation des corps célestes , auxquels il est peut-
être nécessaire , par la force magnétique qu'il
possède exclusivement , ainsi que par la pola-
rité qui l'accompagne.

Si la théorie précédente est exacte , il est à
croire que diverses autres substances qu'on a
reconnues dans les pierres tombées du ciel,
telles que le soufre , la silice , la magnésie , etc.
ne sont point particulières à notre globe , mais
qu'elles sont du nombre des matériaux qui en-
trent dans la composition de tous les corps célestes.

§. XVII. *Recherches qui restent à faire.*

Parmi les diverses masses dont nous avons
parlé dans le paragraphe 8, il en subsiste encore
plusieurs qui mériteraient d'être examinées avec
plus de soin. Les quatre masses de Transilvanie
(§. 8 *k.*) qui furent envoyées à Vienne, s'y
trouvent probablement encore, soit dans le tré-
sor impérial où on les déposa , soit dans le cabinet d'Histoire naturelle. Dans ce cas M. Stütz,
à qui l'on doit la connaissance de plusieurs faits

---

ce sont les expériences faites par Maskelyne (*Philos.*
Trans. vol. 65 , n°⁵. 48 , 49.) sur la force d'attraction,
que la montagne granitique de Shehalien en Écosse exer-
çait sur un fil à plomb : c'est aussi ce qui résulte des calculs
faits à ce sujet par Hurter (*Philos. Trans.* volume 68 ,
n°. 33).

de ce genre, serait plus à portée que tout autre de nous en donner une notice.

Il serait aussi à désirer que les physiciens qui pourraient en avoir l'occasion, examinassent et décrivissent avec soin la masse de Thuringe (§. 8. *l.*), qui fut transportée à Dresde, et qui s'y trouve probablement encore, soit dans le cabinet électoral, soit dans quelque autre collection, celle (§. 8. *n.*) qui fut déposée dans la Bibliothèque publique de Berne; et celle (§. 8. *i.*) d'Ensisheim, qui est probablement encore attachée à une chaîne dans l'église de ce lieu, supposé que cette dernière masse n'ait point été mise en liberté, d'après l'usage actuellement reçu en France de détruire les églises (1); et enfin celles qui pourraient se trouver dans d'autres cabinets. Peut-être faudrait-il aussi faire attention à plusieurs des masses de fer trouvées par M. Nauwerk, sur-tout à celles qui paraîtraient ressembler aux autres de ce genre, soit par une écorce ferrugineuse ou par quelque autre caractère distinctif.

Une chose qui mériterait également des recherches et des expériences, c'est l'extrême malléabilité du fer de la masse de Sibérie, et son infusibilité lorsqu'on le traite sans addition au feu ordinaire, quoique cette même masse paraisse évidemment avoir été fondue.

Ne parviendroit-on pas à en fondre un petit fragment au moyen de la combustion dans

_____

(1) L'Auteur écrivait en 1794. Depuis la révolution cette pierre a été transportée à Colmar, où elle se trouve dans la bibliothèque de l'École centrale.

l'oxygène, à l'aide d'un miroir ardent, ou par la décharge d'une très-forte batterie électrique ?

Le fer resterait-il malléable après une semblable fusion opérée sans mélange d'aucun corps combustible, ou bien deviendrait-il cassant comme de la fonte ordinaire ?

Il faudrait en examiner au microscope de très-petits globules pour reconnaître s'ils cèdent sous le marteau, soit à chaud, soit à froid.

Le fer de plusieurs autres masses semblables étant aussi très-malléable, ne se comporte-t-il pas comme celui de Sibérie quand on le traite de la même manière ?

Remarque-t-on les mêmes particularités lorsqu'on fond sans mélange du fer en barres ordinaire ?

Le fer de ces diverses masses ne se rapproche-t-il pas, à plusieurs égards, de l'acier plutôt que du fer forgé, comme on peut le conjecturer par la description de la masse d'Aken ?

Puisque les bolides sont des phénomènes rares, et qu'on a plus rarement encore l'occasion d'observer leur chute d'aussi près qu'on le fit à Agram, il faudrait, toutes les fois qu'on en aperçoit un, faire, autant que possible, attention à sa direction, examiner s'il ne se trouve point, au lieu où l'on croit l'avoir vu tomber, des pierres analogues à celles dont il s'agit, et faire creuser aux endroits où l'on remarquerait dans la terre des enfoncemens qu'on croirait n'avoir point existés précédemment, pour voir s'il ne s'y trouverait pas quelque masse fondue, soit terreuse, soit métallique.

Il faut aussi remarquer si le ciel est clair ou

chargé de nuages, s'il y en a au moins quel-
qu'un qui puisse faire supposer l'existence
d'un orage accompagné de tonnerre, et si à-
peu-près dans le même tems, d'autres ont observé, dans des lieux plus ou moins éloignés,
quelque phénomène analogue ou quelquechose
d'extraordinaire. En général, on ne peut que
proposer pour modèle, la conduite que tint en
pareil cas le Consistoire épiscopal d'Agram,
lorsqu'il entendit parler d'un météore singulier;
il envoya, sans le moindre délai, des personnes
chargées d'examiner le fait sur les lieux mêmes;
on écouta séparément un grand nombre de témoins, et on en dressa un procès-verbal rédigé
d'un style simple, et portant tous les caractères
de la vérité : c'était, sans contredit, ce qu'on
pouvait faire de plus sage et de mieux raisonné.
Plusieurs personnes, qui regardent leur pays
comme le seul policé, ne se seraient probablement pas attendu, en 1753, à trouver tant
d'instruction dans une petite ville de la Hongrie.

Toutes les fois qu'on observe quelque météore
extraordinaire, du genre de ceux dont nous nous
occupons ici, il serait à désirer qu'un physicien
connu indiquât, dans les papiers publics, quels
sont les pays d'où il désire sur-tout obtenir des
informations : c'est ce que fit Silberschlag à
l'occasion du bolide décrit par lui, qui parut
en 1762.

Il serait aussi à désirer que plusieurs physiciens, habitans des pays situés à une certaine distance l'un de l'autre, observassent en
même-tems les étoiles tombantes, dans la
même partie du ciel, et qu'ils eussent l'attention de remarquer leur direction apparente,

afin qu'on pût déterminer leur hauteur et leur véritable route par le calcul de la parallaxe.

Le meilleur moyen de profiter du peu tems qu'elles restent visibles, ce serait de marquer aussitôt, sur un globe céleste ou sur un planisphère, qu'on aurait soin d'avoir sous la main, la route qu'elles auraient semblé tenir dans le ciel.

Des recherches semblables, faites avec soin, peuvent seules décider un jour si l'on doit admettre l'hypothèse que j'ai proposée dans cet ouvrage, et que tant de raisons concourent à rendre au moins plus probable qu'aucune de celles qu'on a mises en avant jusqu'ici.

www.ingramcontent.com/pod-product-compliance
Lightning Source LLC
Chambersburg PA
CBHW050556210326
41521CB00008B/1000